全彩图解
电工电路

乔长君 李东升 等编

U0194821

 化学工业出版社

·北京·

图书在版编目（CIP）数据

全彩图解电工电路/乔长君等编. —北京：化学
工业出版社，2018.9（2021.2重印）
ISBN 978-7-122-32619-5

Ⅰ.①全…　Ⅱ.①乔…　Ⅲ.①电路图-图解
Ⅳ.①TM13-64

中国版本图书馆CIP数据核字（2018）第152018号

责任编辑：高墨荣　　　　　　　　文字编辑：孙凤英
责任校对：宋　夏　　　　　　　　装帧设计：刘丽华

出版发行：化学工业出版社（北京市东城区青年湖南街13号邮政编码100011）
印　　装：北京新华印刷有限公司
850mm×1168mm　1/32　印张 9³/₄　字数 252 千字
2021 年 2 月北京第 1 版第 7 次印刷

购书咨询：010-64518888　　售后服务：010-64518899
网　　址：http://www.cip.com.cn
凡购买本书，如有缺损质量问题，本社销售中心负责调换。

定　　价：48.00 元　　　　　　　　　　版权所有　违者必究

对于有一定基础的电工来说,看懂电工电路并不难,难的是有许多电工电路你没有见过,就无法在实际工作中灵活应用,只有你学习更多的电工电路,才会对自己的工作有所帮助。而对于电工初学者,看懂电路图是一件比较吃力的事情,特别是遇到电气元器件较多的电路时,更会感到无从下手。实际上,复杂的电路都是由很多基础单元电路组成的,如果能够将电路分解开来,从启动、运行、制动三个基本角度去解读,那么学起来就轻松多了,一通百通。本书精挑细选了55个三相异步电动机常用控制电路,从实物图、原理图、接线图三个方面完整表达了每个电路的工作原理和布线方法,最后采用分解的方法将电路的每一个动作进行分析详解。

本书采用实物图、原理图、接线图对照的形式介绍,并对每一电路的动作过程进行图解,把电路工作原理用分解的图进行表述,使读者更加容易理解电路的工作原理和调试方法,直观易懂,能快速解决工作中遇到的技术难题,从而大大提升电工人员的技能水平。

本书主要内容包括电工识图基础知识、三相异步电动机启动电路、三相异步电动机运行电路、三相异步电动机制动电路、三相异步电动机控制电路的设计安装与维修。本书第5章介绍了控制电路的设计安装与维修方法,使得读者轻松掌握从基本电路到复杂电路的设计安装与维修方法,更好地利用基本电路，达到举一反三的目的。

本书内容由浅入深，实用性很强。虽然是挑选出来的电路，但包括了所有控制电路类型，另外本书从识图基础知识开始，采用实物图与符号图对照的形式，使得初学者更容易理解和掌握。

本书主要由乔长君、李东升等编写，王书宇、乔丽、韩冰、罗利伟、杨小红、乔正阳、李桂芹、王岩柏、罗晶也参加了本书的部分编写工作，在此一并表示感谢。

由于水平有限，不足之处在所难免，敬请读者批评指正。

编　者

目　录
CONTENTS

第 3 章　三相异步电动机运行电路　　137

第 **4** 章　三相异步电动机制动电路　215

第 5 章　三相异步电动机控制电路的设计安装与维修
273／

[知识拓展] 电工轻松入门

电位器的检测　　电容器的检测　　数字式万用表　　三极管的测试
　　　　　　　　　　　　　　　　测试二极管

晶闸管的测试　　结型场效应管的测试　　螺丝刀的使用　　尖嘴钳的使用

剥线钳的使用　　电工刀的使用　　活扳手的使用　　手锤的使用

手锯的使用　　拉马的使用　　挡圈钳的使用　　电烙铁的使用

管子台虎钳的使用　　割管器的使用　　管子绞板的使用　　电工工具夹的使用

喷灯的使用　　电锤钻的使用　　电动角向磨光机的使用　　卷尺的使用

游标卡尺的使用　　千分尺的使用　　塞尺的使用　　钳形电流表的使用

第 **1** 章

电工识图基础知识

1.1 低压电器及电子元件

1.1.1 低压电器

≫（1）自动空气开关

自动空气开关又称自动空气断路器，常用塑壳式断路器外形及图形符号如图1-1所示。自动空气开关集控制和多种保护功能于一身，在正常情况下可用于不频繁地接通和断开电路以及控制电动机的运行。当电路中发生短路、过载及失压等故障时，能自动切断电路，保护线路和电气设备。

QF

图形符号

| 图1-1 | 自动空气开关的外形及图形符号

≫（2）接触器

接触器的外形及图形符号如图1-2所示。它可用于频繁接通和断开电路，实现远控功能，并具有低电压保护功能。其两侧辅助触点上面为动断触点、下面为动合触点，为了作图方便把线圈接线桩移在三个进线中间。

≫（3）热继电器

热继电器的外形及图形符号如图1-3所示。主要用于电动机的过载保护、断相及电流不平衡运行的保护及其他电气设备发热状态的控制。辅助触点上面一对为动断触点，下面一对为动合触点。

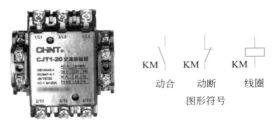

图1-2 接触器的外形及图形符号

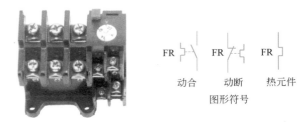

图1-3 热继电器的外形及图形符号

》（4）熔断器

熔断器的外形及图形符号如图 1-4 所示。其作为短路保护元件，也常作为单台电气设备的过载保护元件。

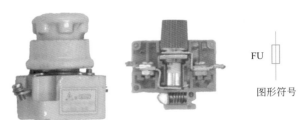

图1-4 熔断器的外形及图形符号

》（5）按钮

按钮又称按钮开关或控制按钮，两种按钮的外形及图形符号如图 1-5 所示。按钮是一种短时间接通或断开小电流电路的手动控制器，一般用于电路中发出启动或停止指令，以控制电磁启

003

动器、接触器、继电器等电气线圈电流的接通或断开，再由它们去控制主电路。按钮也可用于信号装置的控制。

图1-5（a）所示的LA18-6A型按钮两侧各有两对触点，上侧为动断触点、下侧为动合触点。图1-5（b）、（c）所示的LAY16型按钮也称旋钮，具有闭锁功能，按图示方向，上侧为动合触点、下侧为动断触点。

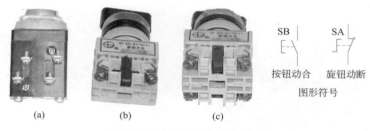

（a）　　　　　（b）　　　　　（c）

| 图1-5 | 按钮的外形及图形符号

》（6）行程开关

行程开关又叫限位开关，JLXK11-311型开关的外形及图形符号如图1-6所示。它是实现行程控制的小电流（5A以下）主令电器，其作用与控制按钮相同，只是其触点的动作不是靠手按动，而是利用机械运动部件的碰撞使触点动作，即将机械信号转换为电信号，通过控制其他电器来控制运动部件的行程大小、运动方向或进行限位保护。

两对触点中靠近操作机构的一对为动合触点，另一对为动断触点。

| 图1-6 | 行程开关的外形及图形符号

>> （7）时间继电器

JS14A 系列晶体管时间继电器的外形及图形符号如图 1-7 所示。它主要用于需用按时间顺序进行控制的电气控制电路中。这种继电器型号后面有 D 标志的为断电延时型，没有 D 标志的为通电延时型。

动合(通电)　动断(断电)　线圈(通电)　线圈(断电)

图形符号

端子说明：1-2电源，3-5、6-8动断，3-4、6-7动合（出现两次数字为公共端）

图 1-7 时间继电器的外形及图形符号

>> （8）中间继电器

JQX-10F/3Z 系列中间继电器的外形及图形符号如图 1-8 所示。它实质是一种接触器，但触点对数多，没有主辅之分。主要借助它来扩展其他继电器的对数，起到信号中继的作用。

动合　动断　线圈

图形符号

端子说明：2-10电源，1-4、6-5、8-11动断，1-3、6-7、9-11动合(出现两次数字为公共端)

图 1-8 中间继电器的外形及图形符号

≫（9）过流继电器

JL5-20A 型过流继电器的外形及图形符号如图 1-9 所示，用于频繁启动和重载启动的场合，作为电动机和主电路的过载和短路保护。该继电器具有一对动断触点。

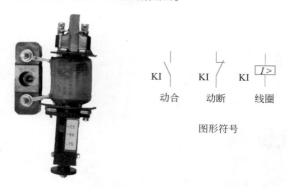

│图 1-9│ 过流继电器的外形及图形符号

≫（10）速度继电器

速度继电器也称反接制动继电器，JY1 型速度继电器的外形及图形符号如图 1-10 所示。其主要作用是以旋转速度的快慢为指令信号，与接触器配合实现电动机的反接制动。它的触点系统由两组转换触点组成，一组在转子正转时动作；另一组在转子反转时动作。

│图 1-10│ 速度继电器的外形及图形符号

» （11）电动机保护器

TDHD-1 型电动机保护器的外形及端子说明如图 1-11 所示，具有过热反时限、反时限、定时限多种保护方式，主要用于电动机多种模式的保护。

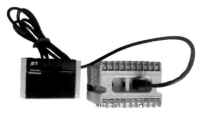

端子说明：
A1+、A2-：AC 220V工作电源输入；
97、98：报警输出端子(动合)；
07、08：短路保护端子(动合)；
Z1、Z2：零序电流互感器输入端子；
TRX(+)、TRX(-)：RS-485或4～20mA端子。

│ 图 1-11 │ 电动机保护器的外形及端子说明

» （12）可编程控制器

三菱 FX2N 系列可编程控制器的外形及端子排列如图 1-12 所示。它具有多种输入语言，用于电动机和各种自动控制系统。

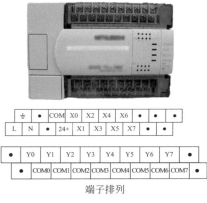

端子排列

│ 图 1-12 │ 可编程控制器的外形及端子排列

≫（13）变频器

富士 FRENI5000G11S 型变频器的外形及端子排列如图 1-13 所示。变频器根据电动机的实际需要通过改变电源的频率来达到改变电源电压的目的，进而达到节能、调速的目的。它主要用于三相异步交流电动机，用于控制和调节电动机速度。

端子排列

端子说明：30A、30B、30C 为总报警输出继电器。30A 为动合触点、30B 为动断、30C 为公共端。

Y5A、Y5C 为可选信号输出继电器。可选与 Y1～Y4 端子类似的选择信号作为输出信号。

Y1～Y4 为晶体管输出继电器。

CME 为晶体管输出公共端。

13 为电位器用电源、12 为设定电压输入、11 为模拟信号输入公共端。

FMA 为模拟监视（11 公共端子）、FMP 为频率值监视（CM 公共端子）。

PLC 连接 PLC 的输出信号电源（DC 24V）。

FWD 为正转启动命令、REV 为反转启动命令。

X1～X9 为选择输入。

DX－、DX＋、RS-485 为通信输入/输出。

SD 为通信电缆屏蔽层连接端。

上	30A
30C	30B
Y5C	Y5A
Y4	Y3
Y2	Y1
CME	C1
11	FMA
12	FMP
13	PLC
CM	X1
FWD	X2
REV	X3
X7	X4
X8	X6
X9	下
DX−	
DX+	
SD	

┃ 图 1-13 ┃ 富士变频器的外形及端子排列

1.1.2 电子元件

≫（1）电阻器

电阻器的外形及图形符号如图 1-14 所示。电阻器是实现降压启动和能量消耗的元件。

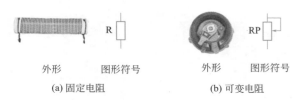

外形　　图形符号　　　　外形　　图形符号

(a) 固定电阻　　　　　　(b) 可变电阻

┃ 图 1-14 ┃ 电阻器的外形及图形符号

>> （2）整流元件

整流元件的外形及图形符号如图 1-15 所示。整流元件是实现交流 - 直流转换的元件。

外形	图形符号	外形	图形符号
(a) 二极管		(b) 整流桥	

| 图1-15 | 整流元件的外形及图形符号

>> （3）电容器

电容器的外形及图形符号如图 1-16 所示，主要用于储能和滤波。

外形　　图形符号

| 图1-16 | 电容器的外形及图形符号

1.2
电气符号

1.2.1 从实物元件到图形符号

现场的电路是由多个电气元件组成的，通过导线连接实现对一个电气设备的控制，图 1-17 就是实物元件绘制电动机单向启动控制电路。

电路中，主电路由断路器、交流接触器、热元件、电动机组成。控制电路由熔断器、启动按钮、停止按钮组成。为了使启动按钮松开后，接触器线圈保持有电，使用了接触器的一对动合触

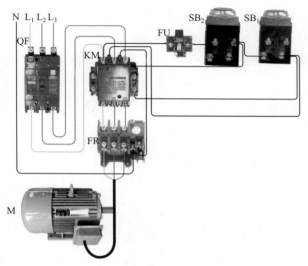

│ 图1-17 │ 单向直接启动电路实物图

点，维持接触器线圈通路。

这样一个由实物元件组成的电路，使用起来很直观易懂，但不易绘制，而且控制复杂时，图线很多、很乱，很容易出现错误。

为了解决绘图难的问题和便于使用交流，出现了电气符号。电气符号以图形和文字的形式从不同角度为电气图提供了各种信息，它包括图形符号、文字符号、项目代号和回路标号等。图形符号提供了一类设备或元件的共同符号，为了更明确地区分不同设备和元件以及不同功能的设备和元件，还必须在图形符号旁标注相应的文字符号加以区别。利用图形符号和文字符号绘制的图1-17 的符号图如图 1-18 所示。

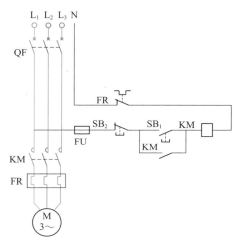

| 图 1-18 | 单向直接启动电路符号图

1.2.2 图形符号

以图形或图像为主要特征的表达一定事物或概念的符号，称为图形符号。图形符号是构成电气图的基本单元，通常用于图样或其他文件，以表示一个设备（如变压器）或概念（如接地）的图形、标记或字符。

>> **（1）图形符号的组成**

图形符号通常由符号要素、一般符号和限定符号组成。

① 符号要素。符号要素是指一种具有确定意义的简单图形，通常表示电气元件的轮廓或外壳。符号要素不能单独使用，必须同其他图形符号组合，以构成表示一个设备或概念的完整符号。例如图 1-19（a）的外壳，分别与图 1-19（b）交流符号、图 1-19（c）直流符号、图 1-19（d）单向能量流动符号组合，就构成了图 1-19（e）的整流器符号。

(a) 外壳　　(b) 交流　　(c) 直流　　(d) 单向能量流动　　(e) 整流器

图1-19　符号要素的使用

② 一般符号。一般符号是用以表示一类产品或此类产品特征的一种简单符号。一般符号可直接应用，也可加上限定符号使用。如图 1-20（e）的微型断路器的图形符号，由图 1-20（a）的开关一般符号与图 1-20（b）的断路器功能符号、图 1-20（c）的热效应符号要素、图 1-20（d）的电磁效应符号要素组合而成。

(a) 开关一般符号　(b) 断路器功能　(c) 热效应　(d) 电磁效应　(e) 微型断路器

图1-20　一般符号与限定符号的组合

③ 限定符号。限定符号是指附加于一般符号或其他图形符号之上，以提供某种信息或附加信息的图形符号。限定符号一般不能单独使用，但一般符号有时也可用作限定符号，例如图 1-21（a）是表示自动增益控制放大器的图形符号，它由表示功能单元的符号要素［图 1-21（b）］与表示放大器的一般符号［图 1-21（c）］、表示自动控制的限定符号［图 1-21（d）］构成。

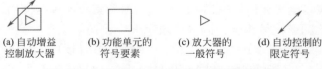

(a) 自动增益　　(b) 功能单元的　　(c) 放大器的　　(d) 自动控制的
控制放大器　　　符号要素　　　　一般符号　　　限定符号

图1-21　符号要素、一般符号与限定符号的组合

限定符号的应用使图形符号更具有多样性。例如，在二极管一般符号的基础上，分别加上不同的限定符号，则可得到发光二极管、热敏二极管、变容二极管等。

电气图形符号还有一种方框符号，其外形轮廓一般应为正方形，用以表示设备、元件间的组合及功能。这种符号既不给出设备或元件的细节，也不反映它们之间的任何关系，只是一种简单的图形符号，通常只用于系统图或框图，如图1-22所示。

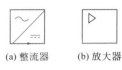

(a) 整流器　　　(b) 放大器

图1-22　方框符号

图形符号的组合方式有很多种，最基本和最常用的有以下三种：一般符号+限定符号、符号要素+一般符号、符号要素+一般符号+限定符号。

>> **（2）图形符号的使用**

① 元件的状态。在电气图中，元器件和设备的可动部分通常应表示在非激励或不工作的状态或位置，例如：继电器和接触器在非激励的状态，图中的触点状态是非受电下的状态；断路器、负荷开关和隔离开关在断开位置；带零位的手动控制开关在零位置，不带零位的手动控制开关在图中规定位置；机械操作开关（如行程开关）在非工作的状态或位置（即搁置）时的情况，及机械操作开关在工作位置的对应关系，一般表示在触点符号的附近或另附说明；温度继电器、压力继电器都处于常温和常压（一个大气压）状态；事故、备用、报警等开关或继电器的触点应该表示在设备正常使用的位置，如有特定位置，应在图中另加说明；多重开闭器件的各组成部分必须表示在相互一致的位置上，而不管电路的工作状态。

② 符号取向。标准中示出的符号取向，在不改变符号含义的前提下，可根据图面布置的需要旋转或成镜像放置，例如在图1-23中，取向形式A按逆时针方向依次旋转90° 即可得到B、C、D，取向形式E由取向A的垂轴镜像得到，取向E再按逆时针依次旋转90° 即可得到F、G、H，当图形符号方向改变时，

应适当调整文字的阅读方向和文字所在位置。

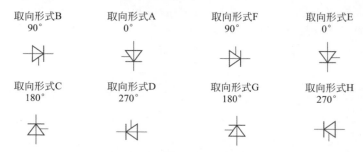

| 图 1-23 | 晶闸管图形符号可能的取向形式

有方位规定的图形符号为数很少，但在电气图中占重要位置的各类开关和触点，当其符号呈水平形式布置时，应下开上闭；当符号呈垂直形式布置时，应左开右闭。

③ 图形符号的引线。图形符号所带的引线不是图形符号的组成部分，在大多数情况下，引线可取不同的方向。如图 1-24 所示的变压器、扬声器和倍频器中的引线改变方向，都是允许的。

④ 使用国家标准未规定的符号。国家标准未规定的图形符号，可根据实际需要，按突出特征、结构简单、便于识别的原则进行设计，但需要报国家标准局备案。当采用其他来源的符号或代号时，必须在图解和文件上说明其含义。

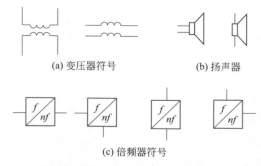

(a) 变压器符号　　　　(b) 扬声器

(c) 倍频器符号

| 图 1-24 | 符号引线方向改变示例

常见电气简图用图形符号见表 1-1。

表1-1 常见电气简图用图形符号

序号	名称	新图形符号	旧图形符号	说明	个别图例
1	电阻			电阻器的一般符号	固定电阻
			或	可变电阻器 可调电阻器	可变电阻
				压敏电阻器 变阻器 注：U可以用V代替	压敏电阻
				热敏电阻 注：θ可用$t°$代替	热敏电阻
				滑动触点电位器	
2	电容			电容器一般符号如果必须分辨同一电容器的电极时，弧形的极板表示： ① 在固定的纸介质和陶瓷介质电容器中表示外电极 ② 在可调和可变的电容器中表示动片电极 ③ 在穿心电容器中表示低位电极	固定电容器
				极性电容器	可调电容器
				可变电容器 可调电容器	

续表

序号	名称	新图形符号	旧图形符号	说明	个别图例
3	电感			电感器 线圈 绕组 扼流圈	
				带磁芯的电感器	
				磁芯有间隙的电感器	
				带磁芯连续可调的电感器	
				有两个抽头的电感器： ① 可增减抽头数目 ② 抽头可在外侧两半圆交点处引出	
4	半导体二极管			半导体二极管一般符号	
				发光二极管一般符号	
				利用温度效应的二极管 注：θ可用t°代替	
				用作电容性器件的二极管（变容二极管）	
				隧道二极管	
				单向击穿二极管 电压调整二极管 江崎二极管 稳压管	

续表

序号	名称	新图形符号	旧图形符号	说明	个别图例
5	晶闸管			三极晶体闸流管 当没有必要规定门极的类型时，这个符号用于表示反向阻断三极晶体闸流管	单向晶闸管 双向晶闸管
				反向阻断三极晶体闸流管，P门极（阴极侧受控）	
				可关断三极晶体闸流管	
				双向三极晶体闸流管 三端双向晶闸管	
6	三极管			PNP型半导体管	插件三极管 贴片三极管
				NPN型半导体管	
				NPN型雪崩半导体管	
				具有P型基极单结型半导体管	
				具有N型基极单结型半导体管	
				N型沟道结型场效应半导体管 注：栅极与源极的引线应绘在一条直线上	
				P型沟道结型场效应半导体管	
				增强型、单栅、P沟道和衬底无引出线的绝缘栅场效应半导体管	
				增强型、单栅、N沟道和衬底无引出线的绝缘栅场效应半导体管	

续表

序号	名称	新图形符号	旧图形符号	说明	个别图例
7	电机	Ⓖ	Ⓕ	交流发电机	
		Ⓖ	Ⓕ	直流电动机	
		Ⓜ	Ⓓ	交流发电机	
		Ⓜ	Ⓓ	直流电动机	
		SM	SD	交流伺服电动机	
		SM	SD	直流伺服电动机	
		TG	CSP	交流测速发电机	
		TG	CSP	直流测速发电机	
8	电池及变流器	⊣⊢	⊣⊢	原电池或蓄电池。长线代表阳极，短线代表阴极，为了强调，短线可画粗些	蓄电池
		⊣|||⊢ ⊣⊦--⊣⊢	⊣⊢--⊣⊢	蓄电池组或原电池组	
		⊣||⊢	⊣|||⊢	带抽头的原电池组或蓄电池组	
		直流变流器符号		直流变流器	
		整流器符号		整流器	桥式全波整流器
		桥式整流符号	桥式整流旧符号	桥式全波整流器	
		逆变器符号		逆变器	
		整流器/逆变器符号		整流器/逆变器	

续表

序号	名称	新图形符号	旧图形符号	说明	个别图例
9	变压器			双绕组变压器 瞬时电压的极性可以用形式2表示 示例：示出瞬时电压极性标记的双绕组变压器流入绕组标记端的瞬时电流产生辅助磁通	变压器
				三绕组变压器	电流互感器
				自耦变压器	
				电抗器、扼流圈	电压互感器
				电流互感器	
				脉冲变压器	
				电压互感器	
10	熔断器			熔断器	熔断器
				刀开关熔断器	
				跌开式熔断器	熔断器式隔离开关
				隔离开关熔断器	

续表

序号	名称	新图形符号	旧图形符号	说明	个别图例
11	指示仪表	Ⓥ	Ⓥ	电压表	电压表 电流表 电能表
		(A/$I\sin\varphi$)		无功电流表	
		→(W/$P\max$)		最大需量指示器（由一台积算仪表操纵的）	
		(var)		无功功率表	
		(cosφ)		功率因数表	
		(φ)		相位表	
		(Hz)		频率表	
		(↑)		检流计	
		(n)	(↑)	转速表	
12	灯和信号	⊗	⊗ / ⬤	灯的一般符号	灯 指示灯
		⊗		闪光型信号灯	
		◁	◁	电喇叭	
		⏢	⏢	电铃	
		⏢	▽	蜂鸣器	
13	单极开关	⌐\		手动开关的一般符号	
		动合 E-\ 动断 E-\	常开 ∘‾∘ 常闭 ∘⌐∘	按钮	
		\⌐E		拉拔开关（不闭锁）	
		⌐⌐\		旋钮开关、旋转开关（闭锁）	

续表

序号	名称	新图形符号	旧图形符号	说明	个别图例
14	位置开关		或	位置开关、动合触点	
				限制开关、动合触点	
			或	位置开关、动断触点	
				限制开关、动断触点	
				对两个独立电路作双向接线操作的位置或限制开关	
15	开关装置和控制装置		或	单极开关一般符号	
			或	多极开关一般符号用单线表示	刀开关
			或	多线表示	
			⊐∟	接触器（在非动作位置触点断开）	
				具有自动施放的接触器	断路器
				接触器（在非动作位置触点闭合）	
			高压 或	断路器	万能转换开关
				隔离开关	

续表

序号	名称	新图形符号	旧图形符号	说明	个别图例
15	开关装置和控制装置			具有中间断开位置的双向隔离开关	
				负荷开关（负荷隔离开关）	
				具有自动释放的负荷开关	
16	时间继电器			当操作器件被吸合时延时闭合的动合触点	
				当操作器件被释放时延时断开的动合触点	
				当操作器件被释放时延时闭合的动断触点	
				当操作器件被吸合时延时断开的动断触点	
				吸合时延时闭合和释放时断开的动合触点	空气阻尼式
				由一个不延时的动合触点，一个吸合时延时断开的动断触点和一个释放时延时断开的动合触点组成的触点组	电子式
				继电器的线圈	
				缓慢释放（缓放）继电器的线圈	
				缓慢吸合（缓吸）继电器的线圈	
				缓吸或缓放继电器的线圈	
				交流继电器的线圈	
				极化继电器的线圈	

续表

序号	名称	新图形符号	旧图形符号	说明	个别图例
17	热装置			热继电器的驱动元件	
		或		三相电路中三极热继电器的驱动器件	
		或	或	三相电路中两极热继电器的驱动元件	
				热继电器、动断触点	
		θ	或	热敏开关、动合触点 注：θ可用动作温度代替	
				热敏自动开关，动断触点 注：注意区别此触点和热继电器的触点	
18	交流接触器		或 或	动合（常开）触点	
			或 或	动断（常闭）触点	
			或 或	先断后合的转换触点	
			或	中间断开的双向触点	
				先合后断的转换触点（桥接）	

续表

序号	名称	新图形符号	旧图形符号	说明	个别图例
19	速度继电器			动合（常开）触点	
				动断（常闭）触点	

1.2.3 文字符号

文字符号是表示电气设备、装置、电气元件的名称、状态和特征的字符代码。

》（1）文字符号的用途

① 为参照代号提供电气设备、装置和电气元件的种类的字符代码和功能代码。

② 作为限定符号与一般图形符号组合使用，以派生新的图形符号。

③ 在技术文件或电气设备中表示电气设备及电路的功能、状态和特征。

》（2）文字符号的构成

文字符号分为基本文字符号和辅助文字符号两大类。文字符号可以用单一的字母代码或数字代码来表达，也可以用字母与数字组合的方式来表达。

① 基本文字符号。基本文字符号主要表示电气设备、装置和电气元件的种类名称，分为单字母符号和双字母符号。

单字母符号用拉丁字母将各种电气设备、装置、电气元件划分为23大类，每大类用一个大写字母表示。如"R"表示电阻器，"S"表示开关。

双字母符号由一个表示大类的单字母符号与另一个字母组成，组合形式以单字母符号在前、另一字母在后的次序标出。例如，"K"表示继电器，"KA"表示中间继电器，"KI"表示电流继电器等。

② 辅助文字符号。电气设备、装置和电气元件的种类名称用基本文字符号表示，而它们的功能、状态和特征用辅助文字符号表示，通常用表示功能、状态和特征的英文单词的前一、二位字母构成，也可采用缩略语或约定俗成的习惯用法构成，一般不能超过三位字母。例如，表示"顺时针"，采用"CLOCK WISE"英文单词的两位首字母"CW"作为辅助文字符号；而表示"逆时针"的辅助文字符号，采用"COUNTER CLOCK WISE"英文单词的三位首字母"CCW"作为辅助文字符号。

某些辅助文字符号本身具有独立的、确切的意义，也可以单独使用。例如，"MAN"表示交流电源的中性线，"DC"表示直流电，"AC"表示交流电，"AUT"表示自动，"ON"表示开启，"OFF"表示关闭等。

③ 数字代码。数字代码的使用方法主要有以下两种。

a.数字代码单独使用时，表示各种电气元件、装置的种类或功能，需按序编号，还要在技术说明中对代码意义加以说明。例如，电气设备中有继电器、电阻器、电容器等，可用数字来代表电气元件的种类，如"1"代表继电器，"2"代表电阻器，"3"代表电容器。再如，开关有"开"和"关"两种功能，可以用"1"表示"开"，用"2"表示"关"。

电路图中电气图形符号的连线处经常有数字，这些数字称为线号。线号是区别电路接线的重要标志。

b.数字代码与字母符号组合起来使用，可说明同一类电气设备、装置、电气元件的不同编号。数字代码可放在电气设备、装置或电气元件的前面或后面，若放在前面应与文字符号大小相同，放在后面应作为下标。例如，三个相同的继电器一般高压时表示为"1KF""2KF""3KF"，低压时表示为"KF_1""KF_2""KF_3"。

≫（3）文字符号的使用

① 一般情况下，绘制电气图及编制电气技术文件时，应优

先选用基本文字符号、辅助文字符号以及它们的组合。而在基本文字符号中，应优先选用单字母符号。只有当单字母符号不能满足要求时方可采用双字母符号。基本文字符号不能超过两位字母，辅助文字符号不能超过三位字母。

② 辅助文字符号可单独使用，也可将首位字母放在表示项目种类的单字母符号后面组成双字母符号。

③ 当基本文字符号和辅助文字符号不够用时，可按有关电气名词术语国家标准或专业标准中规定的英文术语缩写进行补充。

④ 由于字母"I""O"易与数字"1""0"混淆，因此不允许用这两个字母作文字符号。

⑤ 文字符号不适于电气产品型号编制与命名。

⑥ 文字符号一般标注在电气设备、装置和电气元件的图形符号上或其近旁。

电气简图用文字符号见表 1-2。

表1-2　电气简图用文字符号

序号	名称	新符号		旧符号
		单字母	多字母	
	电机类			
1	发电机	G		F
2	直流发电机	G	GD（C）	ZLF，ZF
3	交流发电机	G	GA（C）	JLF，JF
4	异步发电机	G	GA	YF
5	同步发电机	G	GS	TF
6	测速发电机		TG	CSF，CF
7	电动机	M		D
8	交流电动机	M	MA（C）	JLD，JD
9	异步电动机	M	MA	YD
10	同步电动机	M	MS	TD
11	笼型异步电动机	M	MC	LD
12	绕线异步电动机	M	MW（R）	
13	绕组（线圈）	W		Q

续表

序号	名称	新符号		旧符号
		单字母	多字母	
14	电枢绕组	W	WA	SQ
15	定子绕组	W	WS	DQ
	变压器	T		B
16	控制变压器	T	TS（T）	KB
17	照明变压器	T	TI（N）	ZB
18	互感器	T		H
19	电压互感器	T	YV（或PT）	YH
20	电流互感器		TA（或CT）	LH
	开关、控制器			
21	开关	Q、S		K
22	刀开关	Q	QK	DK
23	转换开关	S	SC（O）	HK
24	负荷开关	Q	QS（F）	
25	熔断器式刀开关	Q	QF（S）	DK，RD
26	断路器	Q	QF	ZK，DL，GD
27	隔离开关	Q	QS	GK
28	控制开关	S	SA	KK
29	限位开关	S	SQ	ZDK，ZK
30	行程开关	S	SQ	JK
31	按钮	S	ST	AN
32	启动按钮	S	SB	QA
33	停止按钮	S	SB（T）	TA
34	控制按钮	S	SB（P）	KA
35	操作按钮	SQ	S	C
36	控制器、主令控制器	Q	QM	LK
	接触器、继电器和保护器件 接触器		KM	C
37	交流接触器	K	KM（A）	JLC，JC
38	直流接触器	K	KM（D）	ZLC，ZC
39	启动接触器	K	KM（S）	QC

续表

序号	名称	新符号		旧符号
		单字母	多字母	
40	制动接触器	K	KM（B）	ZDC，ZC
41	联锁接触器	K	KM（I）	LSC，LC
42	启动器	K		Q
43	电磁启动器	K	KME	CQ
44	继电器	K	KV	J
45	电压继电器	K	B（C）	YJ
46	电流继电器	K	KA（KI）	A
47	过电流继电器	K	KOC	LJ
48	时间继电器	K	KT	GLJ，GJ
49	温度继电器	K	KT（E）	WJ
50	热继电器	K	KR（FR）	RJ
51	速度继电器	K（F）	KS（P）	SDJ，SJ
52	联锁继电器	K	KI（N）	LSJ，LJ
53	中间继电器	K	KA	ZJ
54	熔断器	F	FU	RD
	电子元器件类			
55	二极管	V	VD	D，Z，ZP BG，Tr
56	三极管，晶体管	V	VT	SCR，KP
57	晶闸管	V	VT（H）	WY（G），DW
58	稳压管	V	VS	
59	发光二极管	V	VL（E）	ZL
60	整流器	U	UR	R
61	电阻器	R	RH	
62	变阻器	R		W
63	电位器	R	RP	BP，PR
64	频敏变阻器	R	RF	
65	热敏变阻器	R	RT	
66	电容器	C		C
67	电流表	A		A
68	电压表	V		V

续表

序号	名称	新符号		旧符号
		单字母	多字母	
	电气操作的机构器件类			
69	电磁铁	Y	YA	DT
70	起重电磁铁	Y	YA（L）	QT
71	制动电磁铁	Y	YA（B）	ZT
72	电磁离合器	Y	YC	CLB
73	电磁吸盘	Y	YH	
74	电磁制动器	Y	YB	
	其他			
75	插头	X	XP	CT
76	插座	X	XS	CZ
77	信号灯，指示灯	H	HL	ZSD，XD
78	照明灯	E	EL	ZD
79	电铃	H	HA	DL
80	电喇叭	H	HA	FM，LB，JD
81	蜂鸣器	X	XT	JX，JZ
82	红色信号灯	H	HLR	HD
83	绿色信号灯	H	HLG	LD
84	黄色信号灯	H	HLY	UD
85	白色信号灯	H	HLW	BD
86	蓝色信号灯	H	HLB	AD

1.2.4 项目代号

项目代号是用以识别图、表图、表格中和设备上的项目种类，并提供项目的层次关系、种类、实际位置等信息的一种特定的代码。通常是用一个图形符号表示的基本件、部件、组件、功能单元、设备、系统等。项目有大有小，可能相差很多，大至电力系统、成套配电装置，以及发电机、变压器等，小至电阻器、端子、连接片等，都可以称为项目。

由于项目代号是以一个系统、成套装置或设备的依次分解为基础来编定的，建立了图形符号与实物间一一对应的关系，因此可以用来识别、查找各种图形符号所表示的电气元件、装置和设备以及它们的隶属关系、安装位置。

≫（1）项目代号的组成

项目代号由高层代号、位置代号、种类代号、端子代号根据不同场合的需要组合而成，它们分别用不同的前缀符号来识别。前缀符号后面跟字符代码，字符代码可由字母、数字或字母加数字构成。

① 高层代号（=）。高层代号是系统或设备中任何较高层次（对给予代号的项目而言）的项目代号，如电力系统、电力变压器、电动机等。高层代号的命名是相对的，例如，电力系统对其所属的变电所，电力系统的代号就是高层代号，但对该变电所中的某一开关而言，该变电所的代号就是高层代号。

高层代号的字符代码由字母和数字组合而成，有多个高层代号时可以进行复合，但应注意将较高层次的高层代号标注在前面。例如"=P1=T1"表示有两个高层次的代号 P1、T1，T1 属于 P1。这种情况也可复合表示为"=P1T1"。

② 位置代号（+）。位置代号是项目在组件、设备、系统或者建筑物中实际位置的代号。通常由自行规定的拉丁字母及数字组成，在使用位置代号时，应画出表示该项目位置的示意图。例如在 101 室 A 排开关柜的第 6 号开关柜上，可以表示为"+101+A+6"，简化表示为"+101A6"。

③ 种类代号（-）。种类代号是用于识别所指项目属于什么种类的一种代号，是项目代号中的核心部分。种类代号通常有三种不同的表达形式。

a. 字母 + 数字：如"-K5"表示第 5 号继电器、"-M2"表示第 2 台电动机。种类代号字母采用文字符号中的基本文字符号，一般是单字母，不能超过双字母。

b. 数字序号：例如"-3"代表3号项目，在技术说明中必须说明"3"代表的种类。这种表达形式不分项目的类别，所有项目按顺序统一编号，方法简单，但不易识别项目的种类，因此须将数字序号和它代表的项目种类列成表，置于图中或图后，以利识读。

c. 分组编号：数码代号第1位数字的意义可自行确定，后面的数字序号可以为两位数。例如："-1"表示电动机，-101、-102、-103…表示第1、2、3…台电动机。

在种类代号段中，除项目种类字母外，还可附加功能字母代码，以进一步说明该项目的特征或作用。功能字母代码没有明确规定，由使用者自定，并在图中说明其含义。功能字母代码只能以后缀形式出现。其具体形式为：前缀符号、种类的字母代码、同一项目种类的字母代码、同一项目种类的序号、项目的功能字母代码。

④ 端子代号（：）。端子代号是指项目（如成套柜、屏）内、外电路进行电气连接的接线端子的代号。电气图中端子代号的字母必须大写。

例如："：1"表示1号端子；"：A"表示A号端子。端子代号也可以是数字与字母的组合，例如：P101。

电器接线端子与特定导线（包括绝缘导线）相连接时，规定有专门的标记方法。电器接线端子的标记见表1-3，特定导线的标记见表1-4。

表1-3 电器接线端子的标记

电器接线端子名称		标记符号	电器接线端子名称	标记符号
交流系统：	L_1相	U	接地	E
	L_2相	V	无噪声接地	TE
	L_3相	W	机壳或机架	MM
	中性线	N	等电位	CC
保护接线		PE		

表1-4　特定导线的标记

导线名称		标记符号	导线名称	标记符号
交流系统：2相	1相	L_1	保护接线	PE
	2相	L_2	不接地的保护导线	PU
	3相	L_3	保护接地线和中性线共用一线	PEN
中性线		N	接地线	E
直流系统的电源：负	正	b	无噪声接地线	TE
	负	L	机壳或机架	MM
	中间线	M	等电位	CC

》（2）项目代号的应用

　　一张图上的某一项目不一定都有四个代号段。如有的不需要知道设备的实际安装位置时，可以省掉位置代号；当图中所有高层项目相同时，可省掉高层代号而只需要另外加以说明。通常，种类代号可以单独表示一个项目，而其余大多应与种类代号组合起来，才能较完整地表示一个项目。

　　项目代号一般标注在围框或图形符号的附近，用于原理图的集中表示法和半集中表示法时，项目代号只在图形符号旁标注一次，并用机械连接线连接起来。用于分开表示法时，项目代号应在项目每一部分旁都标注出来。

　　在不致引起误解的前提下，代号段的前缀符号可以省略。

1.3
电气图的制图规则和方法

1.3.1　电气图的制图规则

》（1）电路或电气元件的布局方法及应用

　　① 电路或电气元件布局的原则。

a.电路垂直布局时，相同或类似项目应横向对齐，水平布局时，应纵向对齐，见图1-25、图1-26。

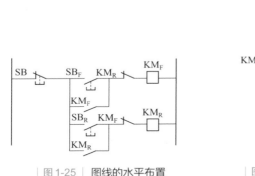

| 图1-25 | 图线的水平布置 | 图1-26 | 图线的垂直布置

b.功能相关的项目应靠近绘制，以清晰表达其相互关系并利于识图。

c.同等重要的并联通路应按主电路对称布局。

② 功能布局法。电路或电气元件符号的布置，只考虑便于看出它们所表现的电路或电气元件功能关系，而不考虑实际位置的布局方法，称为功能布局法。功能布局法将要表示的对象划分为若干个功能组，按照因果关系从左到右或从上到下布置，并尽可能按工作顺序排列，以利于看清其中的功能关系。功能布局法广泛应用于方框图、电路图、功能表图、逻辑图中。

③ 位置布局法。电路或电气元件符号的布置与该电气元件实际位置基本一致的布局方法，称为位置布局法。这种布局法可以清晰地看出电路或电气元件的相对位置和导线的走向，广泛应用于接线图、平面图、电缆配置图等。

>> **（2）图线的布置**

一般而言，电源主电路、一次电路、主信号通路等采用粗线，控制回路、二次回路等采用细线表示，而母线通常比粗实线还宽2～3倍。

① 水平布置。将表示设备和元件的图形符号按横向布置，连接线成水平方向，各类似项目纵向对齐，如图 1-25 所示，图中各电气元件按行排列，从而使各连接线基本上都是水平线。

② 垂直布置。将表示设备和元件的图形符号按纵向布置，连接线成垂直方向，各类似项目横向对齐，如图 1-26 所示。

③ 交叉布置。为了把相应的元件连接成对称的布局，也可采用斜向交叉线表示，如图 1-27 所示。

图 1-27 | 图线的交叉布置

>> （3）图幅分区

为了确定图上内容的位置及其他用途，应对一些幅面较大、内容复杂的电气图进行分区。图幅分区的方法是将图纸相互垂直的两边各自加以等分，分区数为偶数，每一分区的长度为 25 ～ 75mm。分区线用细实线，每个分区内竖边方向用大写英文字母编号，横边方向用阿拉伯数字编号，编号顺序应以标题栏相对的左上角开始。

图幅分区后，相当于建立了一个坐标，分区代号用该区域的字母和数字表示，字母在前数字在后，图 1-28 中，将图幅分成 4 行（A ～ D）和 8 列（1 ～ 8）。图幅内所绘制的元件 KM、SB 在图上的位置被唯一地确定下来了，其位置代号列于表 1-5 中。

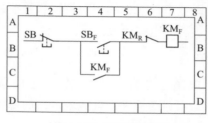

图 1-28 | 图幅分区示例

表1-5　图上元件的位置代号

序号	元件名称	符号	行号	列号	区号
1	开关（按钮）	SB	B	2	B2
2	开关（按钮）	SB_F	B	4	B4
3	继电器触点	KM_R	B	6	B6
4	继电器线圈	KM_F	B	7	B7
5	继电器触点	KM_F	C	4	C4

1.3.2　电气图的基本表示方法

》（1）线路的表示方法

线路的表示方法通常有多线表示法、单线表示法和混合表示法三种。

电气设备的每根连接线或导线各用一条图线表示的方法，称为多线表示法。多线表示法一般用于表示各相或各线内容的不对称和要详细表示各相或各线的具体连接方法的场合。

图1-29就是一个Y-△转换电动机主电路，这个电路能比较清楚地看出电路工作原理，但图线太多，对于比较复杂的设备，交叉就多，反而阻碍看懂图。

电气设备的两根或两根以上的连接线或导线，只用一根线表示的方法，称为单线表示法。单线表示法主要适用于三相电路或各线基本对称的电路图中。图1-30就是图1-29的单线表示法。采用这种方法对于不对称的部分应在图中注释，例如图1-30中热继电器是两相的，图中标注了"2"。

在一个图中，一部分采用单线表示法，一部分采用多线表示法，称为混合表示法。图1-31是图1-29的混合表示。为了表示三相绕组的连接情况，该图用了多线表示法；为了说明两相热继电器，也用了多线表示法；其余的断路器QF、熔断器FU、接触器KM_1都是三相对称，采用单线表示。这种表示法具有单线表示法简洁精练的优点，又有多线表示法描述精确、充分的优点。

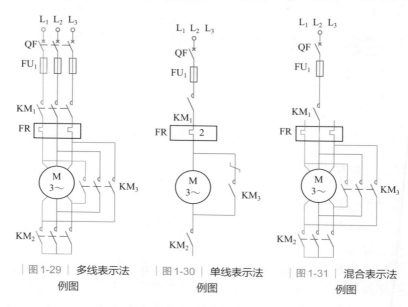

| 图 1-29 | 多线表示法 例图 | 图 1-30 | 单线表示法 例图 | 图 1-31 | 混合表示法 例图 |

≫ （2）电气元件的表示方法

一个元件在电气图中完整图形符号的表示方法有：集中表示法、分开表示法和半集中表示法。

把电气元件、设备或成套装置中的一个项目各组成部分的图形符号，在简图上绘制在一起的方法，称为集中表示法。在集中表示法中，各组成部分用机械连接线（虚线）互相连接起来，连接线必须是一条直线，见图 1-32，这种表示法直观、整体性好，适用于简单的电路图。

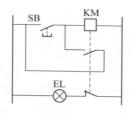

| 图 1-32 | 集中表示法示例

　　把一个项目中某些部分的图形符号在简图中按作用、功能分开布置，并用机械连接符号把它们连接起来的方法，称为半集中表示法。例如，图 1-33 中，在半集中表示中，机械连接线可以弯折、分支和交叉。

　　把一个项目中某些部分的图形符号在简图中分开布置，并使用项目代号（文字符号）表示它们之间关系的方法，称为分开表示法，也称为展开法，如图 1-34 所示。由于分开表示法中省去了图中项目各组成部分的机械连接线，查找各组成部分就比较困难，为了便于寻找其在图中的位置，分开表示法可与半集中表示法结合起来，或者采用插图、表格来表示各部分的位置。

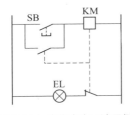

| 图1-33 | 半集中表示法示例

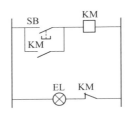

| 图1-34 | 分开表示法示例

　　采用集中表示法和半集中表示法绘制的元件，其项目代号只在图形符号旁标出并与机械连接线对齐，见图 1-32 和图 1-33 中的 KM。

　　采用分开表示法绘制的元件，其项目代号应在项目的每一部分自身符号旁标注，必要时，对同一项目的同类部件（如各辅助开关、各触点）可加注序号，如图 1-34 中接触器的两个触点可以表示为 KM_{-1}、KM_{-2}。

　　标注项目代号时应注意：

　　① 项目代号的标注位置尽量靠近图形符号。

　　② 图线水平布局的图、项目代号应标注在符号上方。图线垂直布局的图、项目代号标注在符号的左方。

　　③ 项目代号中的端子代号应标注在端子或端子位置的旁边。

　　④ 对围框的项目代号应标注在其上方或右方。

1.4 控制电路图的识图方法

1.4.1　查线读图法

≫（1）看主电路的步骤

① 看清主电路中的用电设备（以接触器联锁控制正反转启动电路为例，见图 1-35）。用电设备指消耗电能的用电器具或电气设备，如电动机、电弧炉等。读图首先要看清楚有几个用电设备，它们的类别、用途、接线方式及一些不同要求等。

a. 类别：有交流电动机（感应电动机、同步电动机）、直流电动机等。一般生产机械中所用的电动机以交流笼型感应电动机为主。

b. 用途：有的电动机是带动油泵或水泵的，有的是带动塔轮再传到机械上，如传动脱谷机、碾米机、铡草机等。

c. 接线：有的电动机是 Y（星形）接线或 YY（双星形）接线，有的电动机是△（三角形）接线，有的电动机是 Y－△（星形－三角形），即 Y 启动、△运行接线。

d. 运行要求：有的电动机要求始终一个速度，有的电动机则要求具有两种速度（低速和高速），还有的电动机是多速运转的，也有的电动机有几种顺向转速和一种反向转速，顺向做功、反向走空车等。

对启动方式、正反转、调速及制动的要求，各台电动机之间是否相互有制约的关系（还可通过控制电路来分析）。

图 1-35 是一台双向运转的笼型感应电动机控制电路。

② 要弄清楚用电设备是用什么电气元件控制的。控制电气设备的方法很多，有的直接用开关控制，有的用各种启动器控制，有的用接触器或继电器控制。图 1-35 中的电动机是用接触

器控制的。通过接触器来改变电动机电源的相序，从而达到改变电动机转向的目的。

③ 了解主电路中所用的控制电器及保护电器。前者是指除常规接触器以外的其他电气元件，如电源开关（转换开关及断路器）、万能转换开关等。后者是指短路保护器件及过载保护器件，如断路器中电磁脱扣器及热过载脱扣器的规格；熔断器、热继电器及过电流继电器等元件的用途及规格，一般说来，对主电路作如上分析后，即可分析辅助电路。

图 1-35 中，主电路由空气断路器 QF，接触器 KM_1、KM_2 和热继电器 FR 组成，分别对电动机 M 起过载保护和短路保护作用。

④ 看电源。要了解电源电压等级是 380V 还是 220V，是从母线汇流排供电还是从配电屏供电，还是从发电机组接出来的。

》（2）看辅助电路的步骤

辅助电路包含控制电路、信号电路和照明电路。

分析控制电路时可根据主电路中各电动机和执行电器的控制要求，逐一找出控制电路中的控制环节，用基本电气控制电路知识，将控制电路"化整为零"，按功能不同划分成若干个局部控制电路来进行分析。如控制电路较复杂，则可先排除照明、显示等与控制关系不密切的电路，以便集中精力分析控制电路。控制电路一定要分析透彻。

① 看电源。首先，看清电源的种类是交流的还是直流的。其次，要看清辅助电路的电源是从什么地方接来的，及其电压等级。一般是从主电路的两条相线上接来，其电压为单相 380V；也有从主电路的一条相线和零线上接来，电压为单相 220V；此外，也可以从专用隔离电源变压器接来，电压有 127V、110V、36V、6.3V 等。变压器的一端应接地，各二次线圈的一端也应接在一起并接地。辅助电路为直流时，直流电源可从整流器、发电机组或放大器上接来，其电压一般为 24V、12V、6V、4.5V、3V等。输助电路中的一切电气元件的线圈额定电压必须与辅助电路

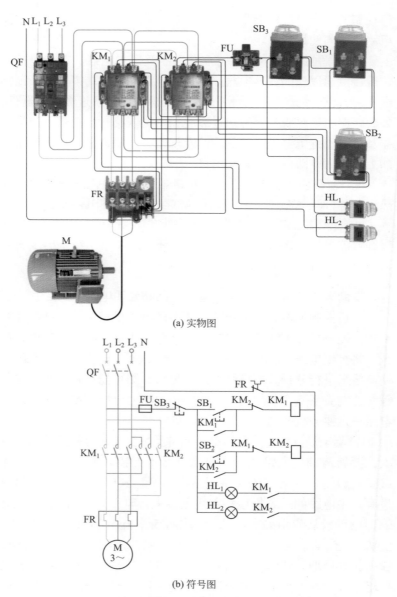

(a) 实物图

(b) 符号图

| 图 1-35 | 带指示灯的接触器联锁正反转控制电路

的电源电压一致，否则，电压低时，电气元件不动作；电压高时，则会把电气元件线圈烧坏。图 1-35 中，辅助电路的电源一条接主电路的相线，另一条接零线，电压为单相 220V。

② 了解控制电路中所采用的各种继电器、接触器的用途。如采用了一些特殊结构的继电器，还应了解它们的动作原理。只有这样，才能理解它们在电路中如何动作和具有何种用途。

③ 根据控制电路来研究主电路的动作情况。控制电路总是按动作顺序画在两条水平线或两条垂直线之间的。因此，也就可从左到右或从上到下来分析。对复杂的辅助电路，在电路中整个辅助电路构成一条大支路，这条大支路又分成几条独立的小支路，每条小支路控制一个用电器或一个动作。当某条小支路形成闭合回路有电流流过时，在支路中的电气元件（接触器或继电器）则动作，把用电设备接入或切除电源。对于控制电路的分析必须随时结合主电路的动作要求来进行，只有全面了解主电路对控制电路的要求以后，才能真正掌握控制电路的动作原理，不可孤立地看待各部分的动作原理，而应注意各个动作之间是否有互相制约的关系，如电动机正、反转之间应设有联锁等。在图 1-35 中，控制电路有两条支路，即接触器 KM_1 和 KM_2 支路，其动作过程如下：

a. 合上电源开关 QF，主电路和辅助电路均有电压，当按下启动按钮 SB_1 时，电源经停止按钮 SB_3 → 启动按钮 SB_1 → KM_2 动断辅助触点→接触器 KM_1 线圈→热继电器 FR 形成回路，接触器 KM_1 吸合并自锁，其在主电路中的主触点 KM_1 闭合，使电动机 M 得电，正转运行。

b. 如果要使电动机反转，先按下停止按钮 SB_3，再按启动按钮 SB_2，这时电源经停止按钮 SB_3 → 启动按钮 SB_2 → KM_1 动断辅助触点→接触器 KM_2 线圈→热继电器 FR 形成回路，接触器 KM_2 吸合并自锁，其在主电路中的主触点 KM_2 闭合，使电动机相序改变，反转运行。

c. 停车只要按下停止按钮 SB_3，控制电路失电，电动机停转。

④ 研究电气元件之间的相互关系。电路中的一切电气元件都不是孤立存在的，而是相互联系、相互制约的。这种互相控制的关系有时表现在一条支路中，有时表现在几条支路中。图1-35中接触器 KM$_1$、KM$_2$ 之间存在电气联锁关系，读图时一定要看清这些关系，才能更好地理解整个电路的控制原理。

⑤ 研究其他电气设备和电气元件。如整流设备、照明灯等。对于这些电气设备和电气元件，只要知道它们的电路走向、电路的来龙去脉就行了。图1-35中 HL$_1$、HL$_2$ 是电动机正反转指示灯，正转时 HL$_1$ 亮，反转时 HL$_2$ 亮。

》》（3）查线看读法的要点

① 分析主电路。从主电路入手，根据每台电动机和执行电器的控制要求去分析各电动机和执行电器的控制内容。

② 分析控制电路。根据主电路中各电动机和执行电器的控制要求，逐一找出控制电路中的控制环节，将控制电路"化整为零"，按功能不同划分成若干个局部控制电路来进行分析。如果电路较复杂，则可先排除照明、显示等与控制关系不密切的电路，以便集中精力进行分析。

③ 分析信号、显示电路与照明电路。控制电路中执行元件的工作状态显示、电源显示、参数测定、故障报警以及照明电路等部分，很多是由控制电路中的元件来控制的。因此还要回过头来对照控制电路对这部分电路进行分析。

④ 分析联锁与保护环节。生产机械对于安全性、可靠性有很高的要求，实现这些要求，除了合理地选择拖动、控制方式以外，在控制电路中还设置了一系列电气保护和必要的电气联锁。在电气控制电路图的分析过程中，电气联锁与电气保护环节是一个重要内容，不能遗漏。

⑤ 分析特殊控制环节。在某些控制电路中还设置了一些与主电路、控制电路关系不密切、相对独立的某些特殊环节。如产品计数装置、自动检测系统、晶闸管触发电路、自动记温装置

等。这些环节往往自成一个小系统，其看图分析的方法可参照上述分析过程，并灵活运用所掌握的电子技术、变流技术、自控系统、检测与转换等知识逐一分析。

⑥ 总体检查。经过"化整为零"，逐步分析每一局部电路的工作原理以及各部分之间的控制关系后，还必须用"集零为整"的方法，检查整个控制电路，看是否有遗漏。特别要从整体角度去进一步检查和理解各控制环节之间的联系，以达到清楚地理解电路图中每一个电气元件的作用、工作过程及主要参数。

1.4.2　识读复杂电路的方法

在接触器线圈电路中串、并联有其他接触器、继电器、行程开关、转换开关的触点，这些触点的闭合、断开就是该接触器得电、失电的条件；由这些触点再找出它们的线圈电路及其相关电路，在这些线圈电路中还会有其他接触器、继电器的触点……如此找下去，直到找到主令电器为止。这就是所谓的"逆读溯源法"。

》 （1）行程开关、转换开关等的配置情况及其作用

在电气控制电路图的辅助电路中有许多行程开关和转换开关，以及压力继电器、温度继电器等，在控制电路中，这些电气元件没有吸引线圈，它们的触点的动作是依靠外力或其他因素实现的。因此必须先把引起这些触点动作的外力或因素找到。其中行程开关由机械联动机构来触压或松开，而转换开关一般由手工操作。这样，使这些行程开关、转换开关的触点，在设备运行过程中便处于不同的工作状态，即触点的闭合、断开情况不同，以满足不同的控制要求，这是看图过程中的一个关键。

这些行程开关、转换开关的触点的不同工作状态，单凭看电路图难以搞清楚，必须结合设备说明书、电气元件明细表，明确该行程开关、转换开关的用途：操纵行程开关的机械联动机构；触点闭合或断开的不同情况；触点在不同的闭合或断开状态下，电路的工作状态等。

此外，还要注意，有的电路采用行程开关组合或行程开关与转换开关组合的方式来控制电路的工作状态，这时就应用行程开关、转换开关的触点进行组合来分析电路的工作状态。

≫（2）电路分解的基本方法

无论多么复杂的电气电路，都是由一些基本的电气控制电路构成的。在分析电路时，要善于化整为零。可以按主电路的构成情况，利用逆读溯源法，把控制电路分解成与主电路的用电器（如电动机）相对应的几个基本电路，然后利用顺读跟踪法，一个环节一个环节地分析。还应注意那些满足特殊要求的特殊部分，然后利用顺读跟踪法把各环节串起来。这样，就不难看懂图了。在进行化整为零时，首先需要了解控制电路中的行程开关、转换开关等的配置情况及其作用。

① 根据接触器的启动按钮两端是否直接并联该接触器的辅助动合触点，分解为点动电路和连续控制电路。

② 根据转换开关，可将电路分解为手动、自动控制电路，正向、反向控制电路等，并找出它们的共同电路部分。

③ 根据通电延时时间继电器、断电延时时间继电器的得电、失电，可将电路分解为两种不同的电路工作状态。

④ 根据行程开关组合或者行程开关、转换开关组合，将电路进行分解。

这样将辅助电路一步一步地分解成基本控制电路，然后综合起来进行总体分析。

≫（3）分解电路的注意事项

① 若电动机主轴连接有速度继电器，表明该电动机采用按速度控制原则组成的停车制动电路。

② 若电动机主电路中接有整流器，表明该电动机采用能耗制动停车电路。

③ 接触器、继电器得电或失电后，其所有触点都要动作，但其中有的触点动作后，立刻使其所在电路的接触器、继电器、

电磁铁等得电或失电；而其中有些触点动作后，并不立即使其所在电路的接触器、继电器、电磁铁等动作，而是为它们得电、失电提供条件。因此在分析接触器、继电器电路时，必须找出它们的所有触点。

④ 根据各种电气元件（如速度继电器、时间继电器、电流继电器、压力继电器、温度继电器等）在电路中的作用进行分析。与前面所介绍的基本控制电路进行比较，对号入座进行分析。

》（4）进行电路分析

① 对主电路进行分析。逐一分析各电动机主电路中的每一个元器件在电路中的作用、功能。

② 对控制电路进行分析。逐一分析各电动机对应的控制电路中每一个元器件在电路中的作用、功能。在分析过程中，可借助机床电气控制电路图上的功能文字说明框、区域标号框、接触器或继电器线圈下面的触点表格协助识图。

③ 对照明、信号等其他电路部分进行分析。

在识图分析中找出被控制电路部分和控制电路部分以及各元器件在电路中的作用。

》（5）集零为整，综合分析

把基本控制电路串起来，采用顺读跟踪法分析整个电路。

第 2 章

三相异步电动机启动电路

2.1 直接启动电路

2.1.1 点动单向启动电路

点动单向启动电路如图 2-1 所示。

》（1）实物图

如图 2-1（a）所示。

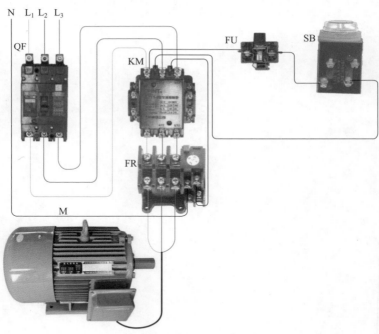

| 图2-1（a）| 点动单向启动电路（实物图）

>> （2）符号图

如图2-1（b）所示。

工作原理：合上断路器QF，按下启动按钮SB，接触器KM得电吸合，主触点KM闭合，电动机启动运行；停车时松开按钮SB，接触器KM线圈失电，主触点KM断开，电动机停转。

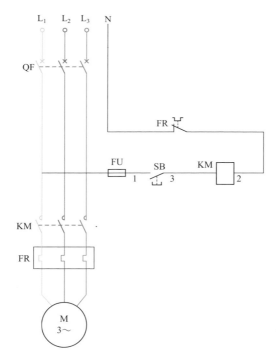

| 图2-1（b） | 点动单向启动电路（符号图）

>> （3）接线图

如图 2-1（c）所示。

从图中可以看出端子排 XB 用来区分电气元件的安装位置，XB 的上方为放置在配电箱内底板上的电气元件，XB 的下方为外接或引自配电箱门面板上的电气元件。

从端子排 XB 上看，共有 9 个端子，其中 L_1、L_2、L_3、N 这四根线为由外引至配电箱内的三根 380V 电源，并穿管引入；U_1、V_1、W_1 这三根为电动机引线，1、3 接至配电箱门面板上的按钮开关 SB 上。

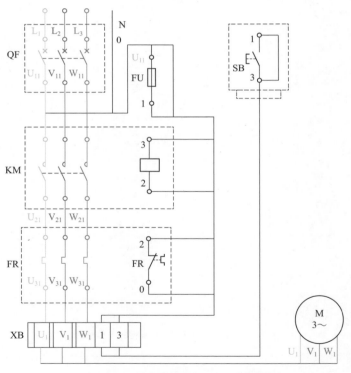

| 图2-1（c） | 点动单向启动电路（接线图）

≫（4）元件动作过程

如图2-1（d）所示。

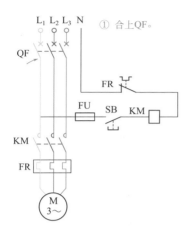

元件动作过程1

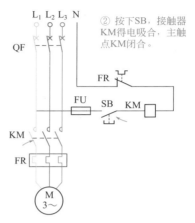

元件动作过程2

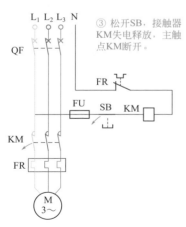

元件动作过程3

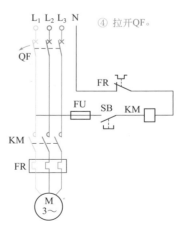

元件动作过程4

│图2-1（d）│ **点动单向启动电路（元件动作过程）**

2.1.2 停止优先的单向直接启动电路

停止优先的单向直接启动电路如图 2-2 所示。

»（1）实物图

如图 2-2（a）所示。

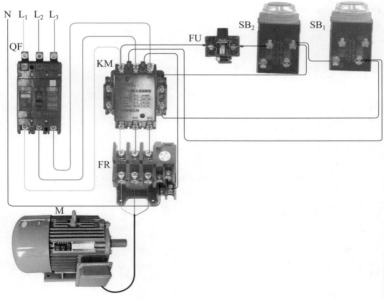

| 图2-2（a） | 停止优先的单向直接启动电路（实物图）

》（2）符号图

如图2-2（b）所示。

工作原理：合上断路器 QF，按下启动按钮 SB_1，接触器 KM 线圈得电，其动合辅助触点闭合，用于自锁（以下简称得电吸合并自锁），主触点 KM 闭合，电动机启动运行；停车时按下停车按钮 SB_2，接触器 KM 的线圈失电，主触点 KM 断开，电动机停转。由于两个按钮同时按下时，电动机不能启动，因此称为停止优先的单向直接启动电路。

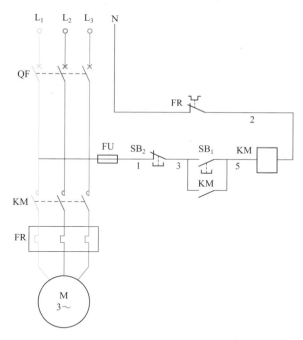

│ 图2-2（b）│ 停止优先的单向直接启动电路（符号图）

≫ （3）接线图

如图 2-2（c）所示。

从图中可以看出端子排 XB 用来区分电气元件的安装位置，XB 的上方为放置在配电箱内底板上的电气元件，XB 的下方为外接或引自配电箱门面板上的电气元件。

从端子排 XB 上看，共有 10 个端子，其中 L_1、L_2、L_3、N 这四根线为由外引至配电箱内的三根 380V 电源，并穿管引入；U_1、V_1、W_1 这三根为电动机引线，1、3、5 接至配电箱门面板上的按钮开关 SB_1、SB_2 上。

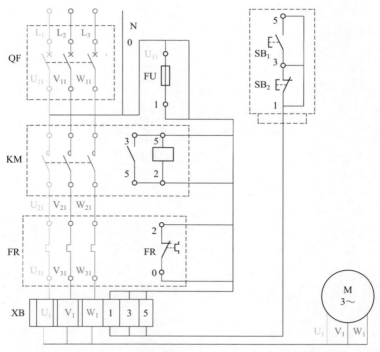

│ 图2-2（c）│ **停止优先的单向直接启动电路（接线图）**

》（4）元件动作过程

如图 2-2（d）所示。

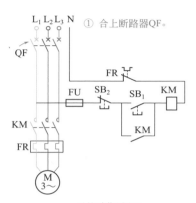

① 合上断路器QF。

元件动作过程1

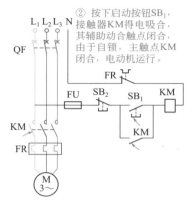

② 按下启动按钮SB₁，接触器KM得电吸合，其辅助动合触点闭合，由于自锁，主触点KM闭合，电动机运行。

元件动作过程2

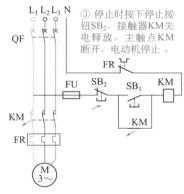

③ 停止时按下停止按钮SB₂，接触器KM失电释放，主触点KM断开，电动机停止。

元件动作过程3

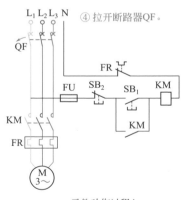

④ 拉开断路器QF。

元件动作过程4

| 图2-2（d）| 停止优先的单向直接启动电路（元件动作过程）

2.1.3 启动优先的正转启动电路

启动优先的正转启动电路如图 2-3 所示。

》（1）实物图

如图 2-3（a）所示。

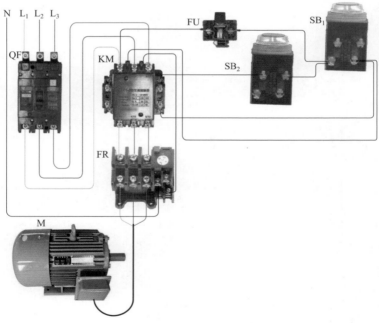

| 图2-3（a） | 启动优先的正转启动电路（实物图）

≫（2）符号图

如图 2-3（b）所示。

工作原理：合上断路器 QF，按下启动按钮 SB₁，接触器 KM 线圈得电，其动合辅助触点闭合，用于自锁，主触点 KM 闭合，电动机启动运行。

停车时按下停车按钮 SB₂，接触器 KM 的线圈失电，主触点 KM 断开，电动机停转。停止按钮 SB₂ 串接在自锁回路中，这样两个按钮同时按下时，电动机能正常启动，因此称为启动优先的正转启动电路。

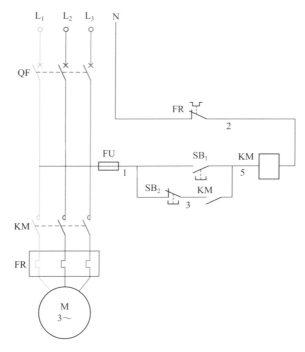

图2-3（b）　启动优先的正转启动电路（符号图）

>> **（3）接线图**

如图 2-3（c）所示。

从图中可以看出端子排 XB 用来区分电气元件的安装位置，XB 的上方为放置在配电箱内底板上的电气元件，XB 的下方为外接或引自配电箱门面板上的电气元件。

从端子排 XB 上看，共有 10 个端子，其中 L_1、L_2、L_3、N 这四根线为由外引至配电箱内的三根 380V 电源，并穿管引入；U_1、V_1、W_1 这三根为电动机引线，1、3、5 接至配电箱门面板上的按钮开关 SB_1、SB_2 上。

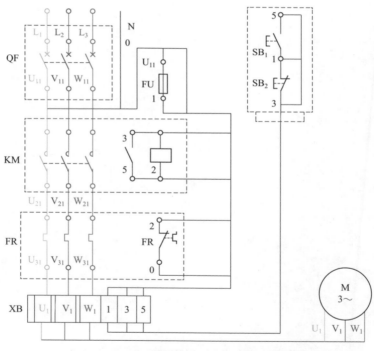

| 图2-3（c） | 启动优先的正转启动电路（接线图）

≫ （4）元件动作过程

如图2-3（d）所示。

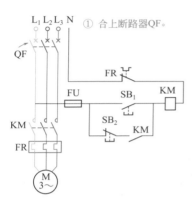

元件动作过程1

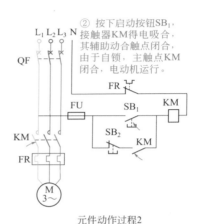

元件动作过程2

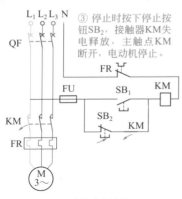

元件动作过程3

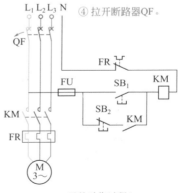

元件动作过程4

│ 图2-3（d）│ 启动优先的正转启动电路（元件动作过程）

2.1.4 带指示灯的自锁功能的正转启动电路

带指示灯的自锁功能的正转启动电路如图 2-4 所示。

》（1）实物图

如图 2-4（a）所示。

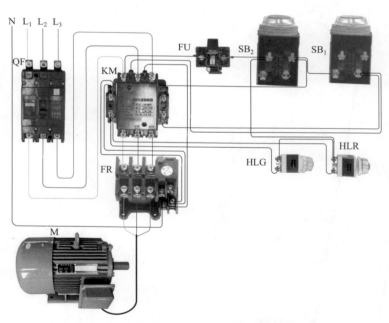

图2-4（a） 带指示灯的自锁功能的正转启动电路（实物图）

》（2）符号图

如图2-4（b）所示。

工作原理：合上断路器 QF，指示灯 HLR 亮。按下 SB₁，接触器 KM 得电吸合并自锁，主触点 KM 闭合，电动机启动运行，其动合辅助触点闭合，一对用于自锁，一对接通指示灯 HLG，HLG 亮，KM 的动断触点断开，HLR 灭。

停止时按下 SB₂，接触器 KM 的线圈失电，主触点 KM 断开，电动机停转。KM 的动合触点断开，HLG 灭，而动断触点复位，HLR 亮。

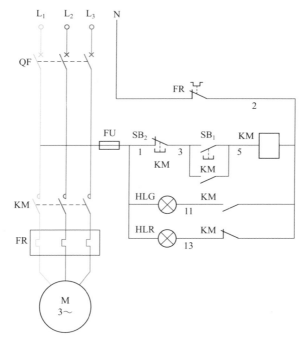

图2-4（b） 带指示灯的自锁功能的正转启动电路（符号图）

》（3）接线图

如图 2-4（c）所示。

从图中可以看出端子排 XB 用来区分电气元件的安装位置，XB 的上方为放置在配电箱内底板上的电气元件，XB 的下方为外接或引自配电箱门面板上的电气元件。

从端子排 XB 上看，共有 12 个端子，其中 L_1、L_2、L_3、N 这四根线为由外引至配电箱内的三根 380V 电源，并穿管引入；U_1、V_1、W_1 这三根为电动机引线，1、3、5 接至配电箱门面板上的按钮开关 SB_1、SB_2 上，1、11、13 接至配电箱门面板上的指示灯。

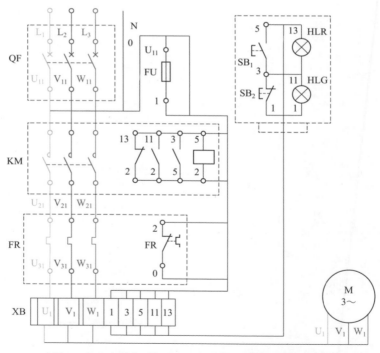

| 图2-4（c）| 带指示灯的自锁功能的正转启动电路（接线图）

》（4）元件动作过程

如图 2-4（d）所示。

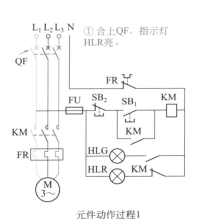

① 合上QF，指示灯 HLR亮。

② 按下SB₁，接触器KM得电吸合并自锁，主触点KM闭合，电动机运行，其动合辅助触点闭合，一对用于自锁，一对接通指示灯HLG，HLG亮，KM的动开触点断开，HLR灭。

元件动作过程1

元件动作过程2

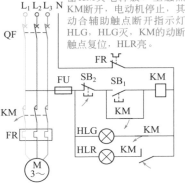

③ 停机时，按下SB₂，接触器KM失电释放，主触点KM断开，电动机停止，其动合辅助触点断开指示灯HLG，HLG灭，KM的动断触点复位，HLR亮。

元件动作过程3

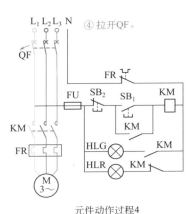

④ 拉开QF。

元件动作过程4

| 图2-4（d）| 带指示灯的自锁功能的正转启动电路（元件动作过程）

2.1.5 单按钮控制单向启动电路

单按钮控制单向启动电路如图 2-5 所示。

≫ （1）实物图

如图 2-5（a）所示。

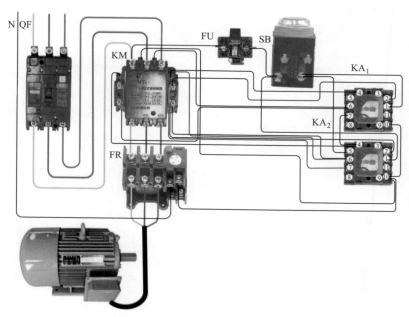

图2-5（a） 单按钮控制单向启动电路（实物图）

»（2）符号图

如图 2-5（b）所示。

工作原理：合上断路器 QF，按下 SB，中间继电器 KA_1 得电吸合，其动合触点闭合，接触器 KM 得电吸合并自锁，主触点 KM 闭合，电动机启动运行。

欲使电动机停转，再次按下 SB，这时由于 KA_1 的动断触点已经复位闭合，因此 KA_2 得电吸合。KA_2 的动断触点断开 KM 线圈回路，电动机停转。

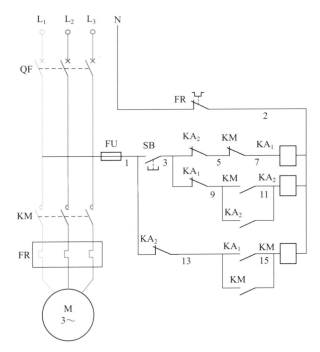

图 2-5（b）　单按钮控制单向启动电路（符号图）

》（3）接线图

如图 2-5（c）所示。

从图中可以看出端子排 XB 用来区分电气元件的安装位置，XB 的上方为放置在配电箱内底板上的电气元件，XB 的下方为外接或引自配电箱门面板上的电气元件。

从端子排 XB 上看，共有 9 个端子，其中 L$_1$、L$_2$、L$_3$、N 这四根线为由外引至配电箱内的三根 380V 电源，并穿管引入；U$_1$、V$_1$、W$_1$ 这三根为电动机引线，1、3 接至配电箱门面板上的按钮开关 SB 上。

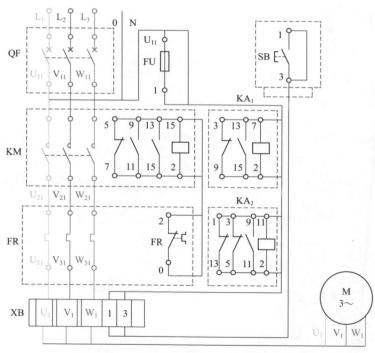

| 图2-5（c） | 单按钮控制单向启动电路（接线图）

❯❯（4）元件动作过程

如图 2-5（d）所示。

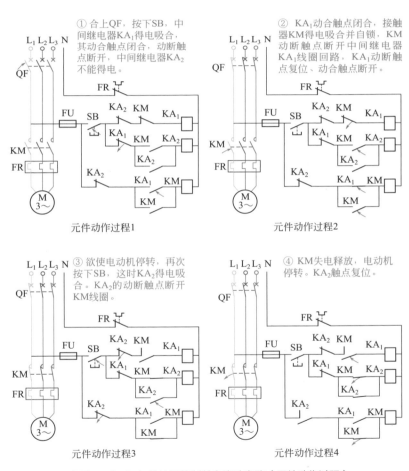

① 合上QF，按下SB，中间继电器KA₁得电吸合，其动合触点闭合，动断触点断开，中间继电器KA₂不能得电。

元件动作过程1

② KA₁动合触点闭合，接触器KM得电吸合并自锁，KM动断触点断开中间继电器KA₁线圈回路，KA₁动断触点复位、动合触点断开。

元件动作过程2

③ 欲使电动机停转，再次按下SB，这时KA₂得电吸合。KA₂的动断触点断开KM线圈。

元件动作过程3

④ KM失电释放，电动机停转。KA₂触点复位。

元件动作过程4

| 图2-5（d） | 单按钮控制单向启动电路（元件动作过程）

2.1.6 简单的正反转启动电路

简单的正反转启动电路如图 2-6 所示。

>> （1）实物图

如图 2-6（a）所示。

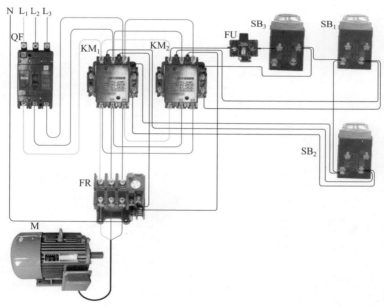

| 图2-6（a） | 简单的正反转启动电路（实物图）

≫（2）符号图

如图 2-6（b）所示。

工作原理：合上电源开关 QF，正转时按下 SB_1，接触器 KM_1 得电吸合并自锁，主触点 KM_1 闭合，电动机正转启动。

反转时，先按下 SB_3，电动机停止，再按下 SB_2，接触器 KM_2 得电吸合并自锁，主触点 KM_2 闭合，电动机反转。

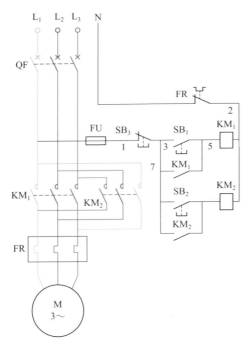

| 图2-6（b）| | 简单的正反转启动电路（符号图）

》》（3）接线图

如图2-6（c）所示。

从图中可以看出端子排 XB 用来区分电气元件的安装位置，XB 的上方为放置在配电箱内底板上的电气元件，XB 的下方为外接或引自配电箱门面板上的电气元件。

从端子排 XB 上看，共有 11 个端子，其中 L_1、L_2、L_3、N 这四根线为由外引至配电箱内的三根 380V 电源，并穿管引入；U_1、V_1、W_1 这三根为电动机引线，1、3、5、7 接至配电箱门面板上的按钮开关 SB_1 ~ SB_3 上。

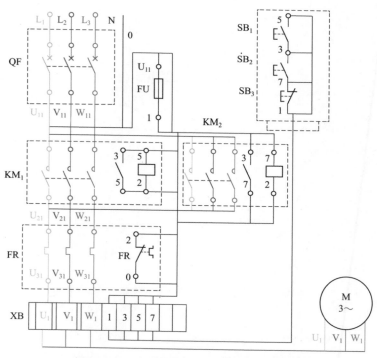

图2-6（c） 简单的正反转启动电路（接线图）

≫（4）元件动作过程

如图 2-6（d）所示。

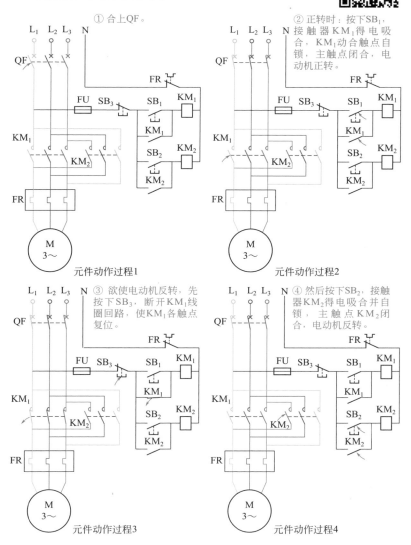

① 合上QF。

② 正转时：按下SB₁，接触器KM₁得电吸合，KM₁动合触点自锁，主触点闭合，电动机正转。

元件动作过程1

元件动作过程2

③ 欲使电动机反转，先按下SB₃，断开KM₁线圈回路，使KM₁各触点复位。

④ 然后按下SB₂，接触器KM₂得电吸合并自锁，主触点KM₂闭合，电动机反转。

元件动作过程3

元件动作过程4

| 图2-6（d）| 简单的正反转启动电路（元件动作过程）

2.1.7 接触器联锁正反转启动电路

接触器联锁正反转启动电路如图 2-7 所示。

» （1）实物图

如图 2-7（a）所示。

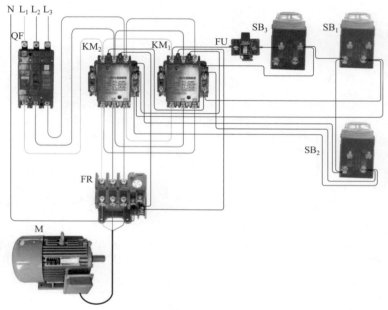

| 图2-7（a） | 接触器联锁正反转启动电路（实物图）

>> （2）符号图

如图 2-7（b）所示。

工作原理：合上电源开关 QF，正转时按下 SB$_1$，接触器 KM$_1$ 得电吸合并自锁，KM$_1$ 的动断辅助触点先断开 KM$_2$ 回路，然后主触点 KM$_1$ 闭合，电动机正转启动。

反转时，先按下 SB$_3$，接触器 KM$_1$ 复位，然后按下 SB$_2$，KM$_2$ 的动断辅助触点先断开 KM$_1$ 回路，然后接触器 KM$_2$ 得电吸合并自锁，主触点 KM$_2$ 闭合，电动机反转。

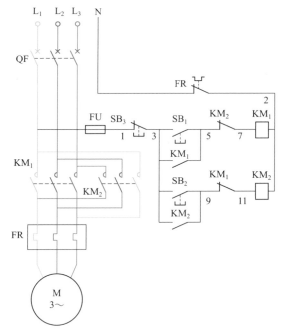

| 图 2-7（b）| 接触器联锁正反转启动电路（符号图）

》 （3）接线图

如图2-7（c）所示。

从图中可以看出端子排XB用来区分电气元件的安装位置，XB的上方为放置在配电箱内底板上的电气元件，XB的下方为外接或引自配电箱门面板上的电气元件。

从端子排XB上看，共有11个端子，其中L_1、L_2、L_3、N这四根线为由外引至配电箱内的三根380V电源，并穿管引入；U_1、V_1、W_1这三根为电动机引线，1、3、5、9接至配电箱门面板上的按钮开关$SB_1 \sim SB_3$上。

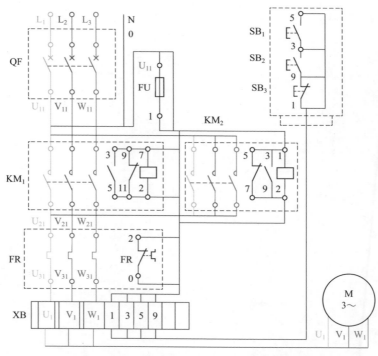

| 图2-7（c） | 接触器联锁正反转启动电路（接线图）

》（4）元件动作过程

如图 2-7（d）所示。

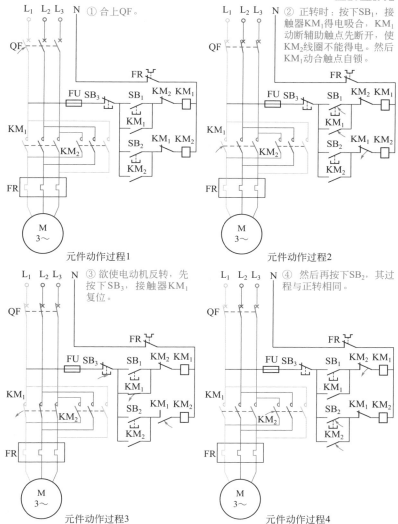

| 图 2-7（d）| 接触器联锁正反转启动电路（元件动作过程）

2.1.8 按钮联锁正反转启动电路

按钮联锁正反转启动电路如图 2-8 所示。

》（1）实物图

如图 2-8（a）所示。

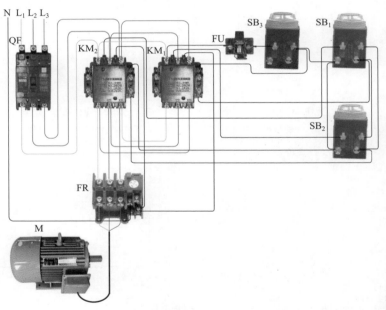

图2-8（a） 按钮联锁正反转启动电路（实物图）

≫（2）符号图

如图 2-8（b）所示。

工作原理：合上电源开关 QF，正转时按下 SB_1，SB_1 的动断触点先断开 KM_2 线圈回路，实现联锁，然后动合触点接通，接触器 KM_1 得电吸合并自锁，主触点 KM_1 闭合，电动机正转运行。反转时，按下 SB_2，SB_2 动断触点先断开 KM_2 线圈回路，然后接触器 KM_2 得电吸合并自锁，主触点 KM_2 闭合，电动机反转。

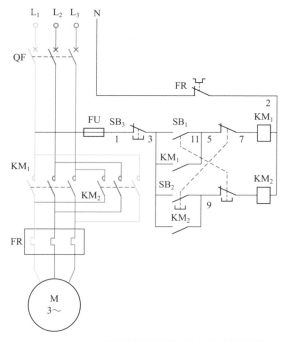

图 2-8（b）　按钮联锁正反转启动电路（符号图）

» （3）接线图

如图 2-8（c）所示。

从图中可以看出端子排 XB 用来区分电气元件的安装位置，XB 的上方为放置在配电箱内底板上的电气元件，XB 的下方为外接或引自配电箱门面板上的电气元件。

从端子排 XB 上看，共有 13 个端子，其中 L_1、L_2、L_3、N 这四根线为由外引至配电箱内的三根 380V 电源，并穿管引入；U_1、V_1、W_1 这三根为电动机引线，1、3、5、7、9、11 接至配电箱门面板上的按钮开关 SB_1、SB_2 上。

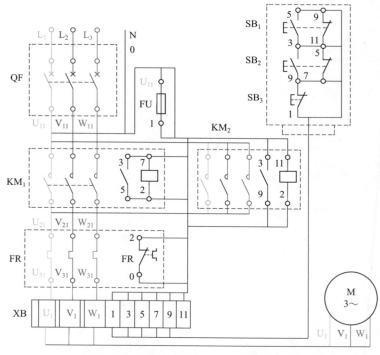

图2-8（c） 按钮联锁正反转启动电路（接线图）

≫（4）元件动作过程

如图2-8（d）所示。

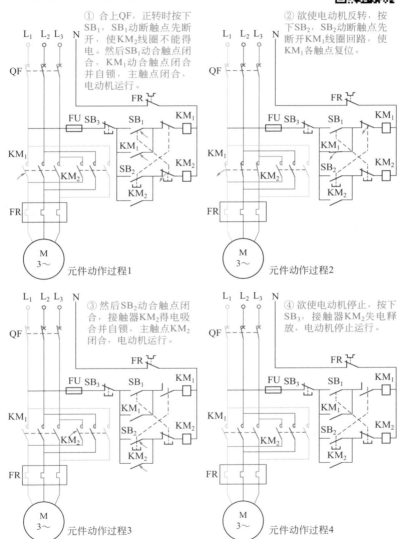

① 合上QF，正转时按下SB₁，SB₁动断触点先断开，使KM₁线圈不能得电。然后SB₁动合触点闭合，KM₁动合触点闭合并自锁，主触点闭合，电动机运行。

元件动作过程1

② 欲使电动机反转，按下SB₂，SB₂动断触点先断开KM₁线圈回路，使KM₁各触点复位。

元件动作过程2

③ 然后SB₂动合触点闭合，接触器KM₂得电吸合并自锁，主触点KM₂闭合，电动机运行。

元件动作过程3

④ 欲使电动机停止，按下SB₃，接触器KM₂失电释放，电动机停止运行。

元件动作过程4

| 图2-8（d）| 按钮联锁正反转启动电路（元件动作过程）

2.1.9 按钮和接触器双重联锁正反转启动电路

按钮和接触器双重联锁正反转启动电路如图2-9所示。

» （1）实物图

如图2-9（a）所示。

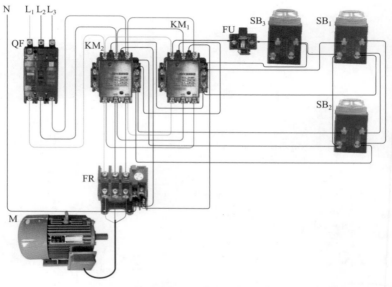

| 图2-9（a） | 按钮和接触器双重联锁正反转启动电路（实物图）

》（2）符号图

如图 2-9（b）所示。

工作原理：合上断路器 QF，正转时按下 SB_1，SB_1 的动断触点先断开 KM_2 线圈回路，然后动合触点接通，接触器 KM_1 得电吸合并自锁，主触点 KM_1 闭合，电动机正转运行，接触器 KM_1 的动断触点断开 KM_2 线圈回路，使 KM_2 线圈不能得电。

反转的过程与此相同。

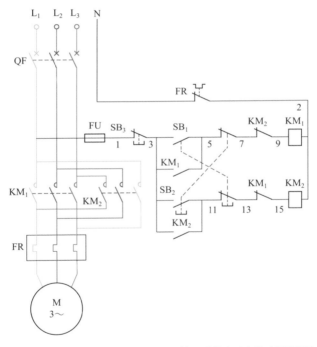

| 图2-9（b） | 按钮和接触器双重联锁正反转启动电路（符号图）

>> （3）接线图

如图2-9（c）所示。

从图中可以看出端子排XB用来区分电气元件的安装位置，XB的上方为放置在配电箱内底板上的电气元件，XB的下方为外接或引自配电箱门面板上的电气元件。

从端子排XB上看，共有13个端子，其中L_1、L_2、L_3、N这四根线为由外引至配电箱内的三根380V电源，并穿管引入；U_1、V_1、W_1这三根为电动机引线，1、3、5、7、11、13接至配电箱门面板上的按钮开关$SB_1 \sim SB_3$上。

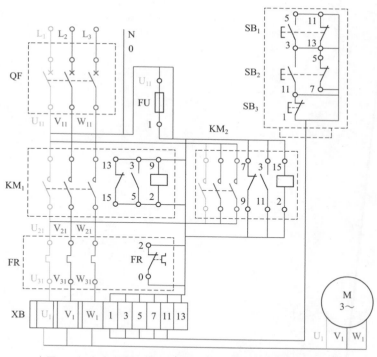

图2-9（c）　按钮和接触器双重联锁正反转启动电路（接线图）

≫ （4）元件动作过程

如图2-9（d）所示。

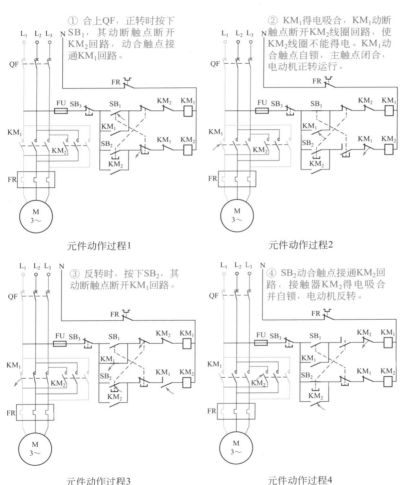

元件动作过程1

① 合上QF，正转时按下SB₁，其动断触点断开KM₂回路，动合触点接通KM₁回路。

元件动作过程2

② KM₁得电吸合，KM₁动断触点断开KM₂线圈回路，使KM₂线圈不能得电。KM₁动合触点自锁，主触点闭合，电动机正转运行。

元件动作过程3

③ 反转时，按下SB₂，其动断触点断开KM₁回路。

元件动作过程4

④ SB₂动合触点接通KM₂回路，接触器KM₂得电吸合并自锁，电动机反转。

│ 图2-9（d）│ │ 按钮和接触器双重联锁正反转启动电路（元件动作过程）

2.2 降压启动电路

2.2.1 定子回路串入电阻手动降压启动电路之一

定子回路串入电阻手动降压启动电路之一如图 2-10 所示。

≫ （1）实物图

如图 2-10（a）所示。

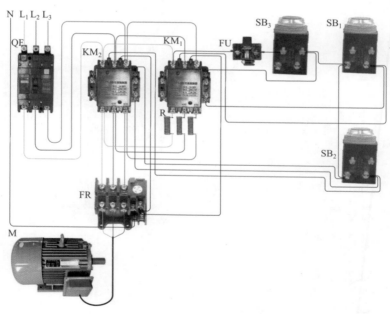

图2-10（a） 定子回路串入电阻手动降压启动电路之一（实物图）

≫（2）符号图

如图 2-10（b）所示。

工作原理：合上断路器 QF，按下 SB_1，接触器 KM_1 得电吸合并自锁，主触点 KM_1 闭合，电动机降压启动，经过一段时间后，按下 SB_2，KM_2 得电吸合并自锁，主触点闭合，电动机全压运行。

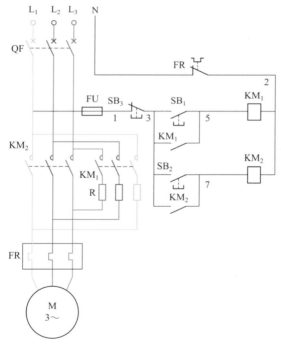

| 图2-10（b） | 定子回路串入电阻手动降压启动电路之一（符号图）

≫ （3）接线图

如图 2-10（c）所示。

从图中可以看出端子排 XB 用来区分电气元件的安装位置，XB 的上方为放置在配电箱内底板上的电气元件，XB 的下方为外接或引自配电箱门面板上的电气元件。

从端子排 XB 上看，共有 11 个端子，其中 L_1、L_2、L_3、N 这四根线为由外引至配电箱内的三根 380V 电源，并穿管引入；U_1、V_1、W_1 这三根为电动机引线，1、3、5、7 接至配电箱门面板上的按钮开关 SB_1 ～ SB_3 上。

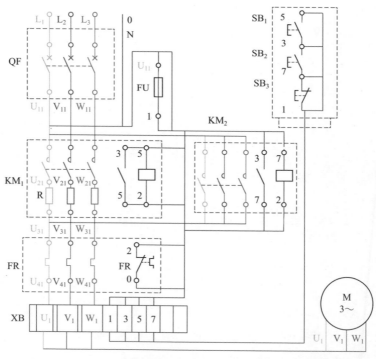

| 图2-10（c） | 定子回路串入电阻手动降压启动电路之一（接线图）

➤➤（4）元件动作过程

如图 2-10（d）所示。

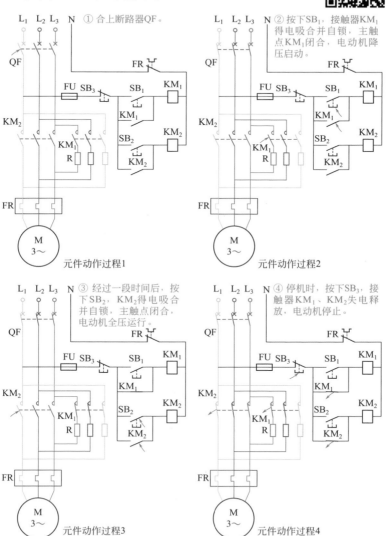

元件动作过程1

① 合上断路器QF。

元件动作过程2

② 按下SB₁，接触器KM₁得电吸合并自锁，主触点KM₁闭合，电动机降压启动。

元件动作过程3

③ 经过一段时间后，按下SB₂，KM₂得电吸合并自锁，主触点闭合，电动机全压运行。

元件动作过程4

④ 停机时，按下SB₃，接触器KM₁、KM₂失电释放，电动机停止。

| 图2-10（d） | 定子回路串入电阻手动降压启动电路之一（元件动作过程）

2.2.2 定子回路串入电阻手动降压启动电路之二

定子回路串入电阻手动降压启动电路之二如图 2-11 所示。

» （1）实物图

如图 2-11（a）所示。

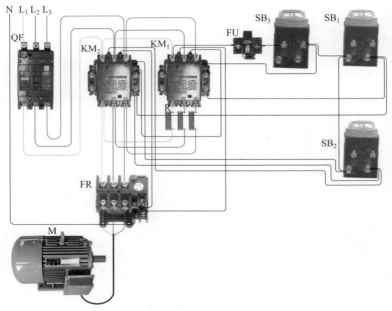

图2-11（a） 定子回路串入电阻手动降压启动电路之二（实物图）

》（2）符号图

如图 2-11（b）所示。

工作原理：合上断路器 QF，按下 SB_1，接触器 KM_1 得电吸合并自锁，主触点 KM_1 闭合，电动机降压启动，经过一段时间后，按下 SB_2，KM_2 得电吸合并自锁，主触点闭合，同时 KM_2 动断触点断开，KM_1 失电，电动机全压运行。

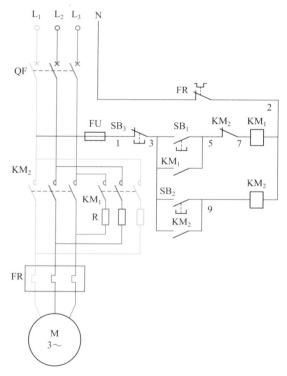

| 图2-11（b） | 定子回路串入电阻手动降压启动电路之二（符号图）

》（3）接线图

如图 2-11（c）所示。

从图中可以看出端子排 XB 用来区分电气元件的安装位置，XB 的上方为放置在配电箱内底板上的电气元件，XB 的下方为外接或引自配电箱门面板上的电气元件。

从端子排 XB 上看，共有 11 个端子，其中 L₁、L₂、L₃、N 这四根线为由外引至配电箱内的三根 380V 电源，并穿管引入；U₁、V₁、W₁ 这三根为电动机引线，1、3、5、9 接至配电箱门面板上的按钮开关 SB₁ ～ SB₃ 上。

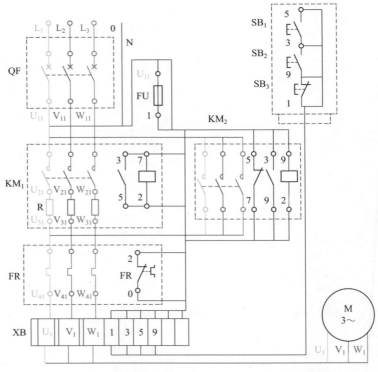

| 图2-11（c） | 定子回路串入电阻手动降压启动电路之二（接线图）

≫（4）元件动作过程

如图 2-11（d）所示。

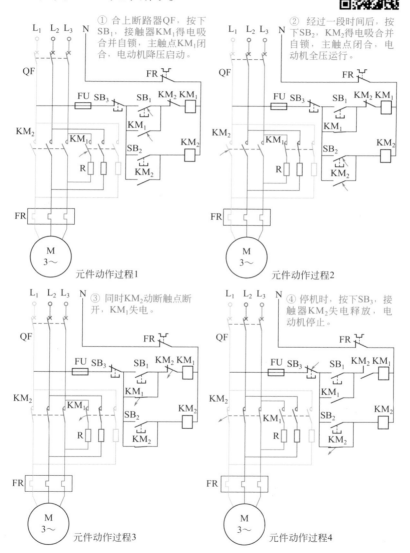

① 合上断路器QF，按下SB₁，接触器KM₁得电吸合并自锁，主触点KM₁闭合，电动机降压启动。

元件动作过程1

② 经过一段时间后，按下SB₂，KM₂得电吸合并自锁，主触点闭合，电动机全压运行。

元件动作过程2

③ 同时KM₂动断触点断开，KM₁失电。

元件动作过程3

④ 停机时，按下SB₃，接触器KM₂失电释放，电动机停止。

元件动作过程4

│ 图2-11（d）│ 定子回路串入电阻手动降压启动电路之二（元件动作过程）

2.2.3 定子回路串入电阻自动降压启动电路

定子回路串入电阻自动降压启动电路如图 2-12 所示。

》（1）实物图

如图 2-12（a）所示。

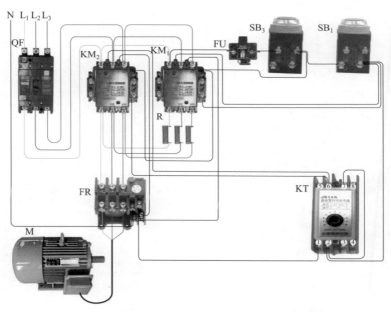

| 图2-12（a） | 定子回路串入电阻自动降压启动电路（实物图）

≫（2）符号图

如图 2-12（b）所示。

工作原理：合上断路器 QF，按下 SB$_1$，接触器 KM$_1$ 得电吸合并自锁，主触点 KM$_1$ 闭合，电动机降压启动，同时时间继电器 KT 开始计时，经过一段时间后，其延时动合触点闭合，KM$_2$ 得电吸合并自锁，主触点闭合，短接电阻 R，电动机全压运行。

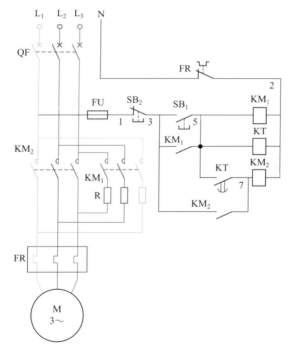

| 图2-12（b） | 定子回路串入电阻自动降压启动电路（符号图）

≫（3）接线图

如图 2-12（c）所示。

从图中可以看出端子排 XB 用来区分电气元件的安装位置，XB 的上方为放置在配电箱内底板上的电气元件，XB 的下方为外接或引自配电箱门面板上的电气元件。

从端子排 XB 上看，共有 10 个端子，其中 L_1、L_2、L_3、N 这四根线为由外引至配电箱内的三根 380V 电源，并穿管引入；U_1、V_1、W_1 这三根为电动机引线，1、3、5 接至配电箱门面板上的按钮开关 SB_1、SB_2 上。

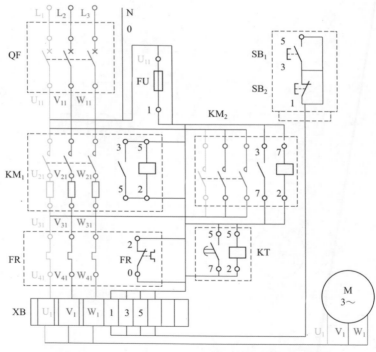

│ 图2-12（c）│ 定子回路串入电阻自动降压启动电路（接线图）

»（4）元件动作过程

如图 2-12（d）所示。

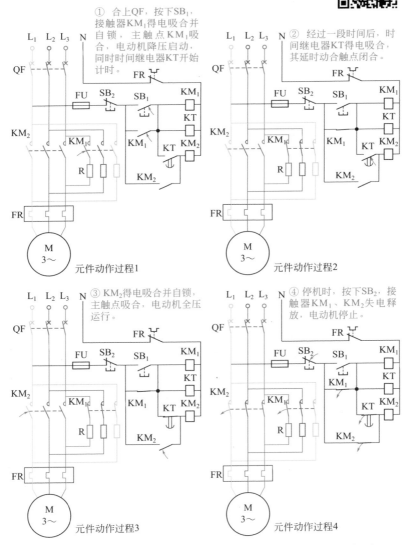

① 合上QF，按下SB₁，接触器KM₁得电吸合并自锁，主触点KM₁吸合，电动机降压启动，同时时间继电器KT开始计时。

元件动作过程1

② 经过一段时间后，时间继电器KT得电吸合，其延时动合触点闭合。

元件动作过程2

③ KM₂得电吸合并自锁，主触点吸合，电动机全压运行。

元件动作过程3

④ 停机时，按下SB₂，接触器KM₁、KM₂失电释放，电动机停止。

元件动作过程4

| 图2-12（d）| 定子回路串入电阻自动降压启动电路（元件动作过程）

2.2.4 定子回路串入电阻手动、自动降压启动电路

定子回路串入电阻手动、自动降压启动电路如图2-13所示。

>> （1）实物图

如图 2-13（a）所示。

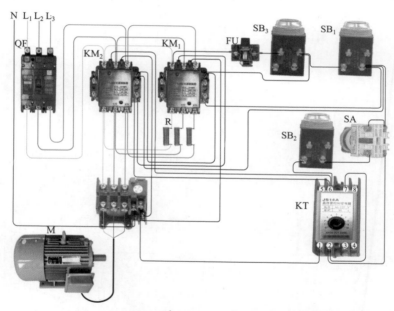

图 2-13（a） 定子回路串入电阻手动、自动降压启动电路（实物图）

» （2）符号图

如图 2-13（b）所示。

工作原理：合上断路器 QF，手动时，SA 动断触点闭合，按下 SB_1，接触器 KM_1 得电吸合并自锁，电动机降压启动，当转速接近额定转速时按下 SB_2，KM_2 得电吸合并自锁，其动断辅助触点断开 KM_1 电源，电动机全压运行。

自动时，SA 动合触点闭合，按下 SB_1，接触器 KM_1 得电吸合并自锁，电动机降压启动，同时时间继电器 KT 开始计时，经过一段时间后，其延时动合触点闭合，KM_2 得电吸合并自锁，KM_2 动断触点断开，KM_1 失电，电动机全压运行。

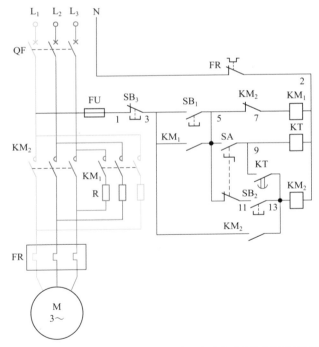

| 图2-13（b）| 定子回路串入电阻手动、自动降压启动电路（符号图）

≫ （3）接线图

如图 2-13（c）所示。

从图中可以看出端子排 XB 用来区分电气元件的安装位置，XB 的上方为放置在配电箱内底板上的电气元件，XB 的下方为外接或引自配电箱门面板上的电气元件。

从端子排 XB 上看，共有 13 个端子，其中 L_1、L_2、L_3、N 这四根线为由外引至配电箱内的三根 380V 电源，并穿管引入；U_1、V_1、W_1 这三根为电动机引线，1、3、5、7、9、11 接至配电箱门面板上的按钮开关 SB_1 ~ SB_3、SA 上。

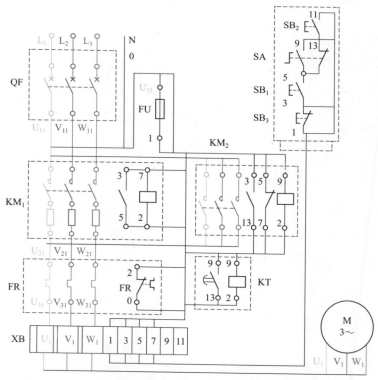

图2-13（c） 定子回路串入电阻手动、自动降压启动电路（接线图）

≫（4）元件动作过程

如图 2-13（d）所示。

① 当SA动断触点闭合时，合上QF，按下SB₁，接触器KM₁得电吸合并自锁，主触点KM₂吸合，电动机降压启动。

② 电动机达到一定转速时按下按钮SB₂，接触器KM₂得电吸合并自锁，主触点吸合，电动机全压运行。

③ 当SA动合触点闭合时，合上QF，按下SB₁，接触器KM₁得电吸合并自锁，主触点KM₂吸合，电动机降压启动，同时KT得电。

④ 经过一定时间，KT动合触点闭合，接触器KM₂得电吸合并自锁，主触点吸合，电动机全压运行。

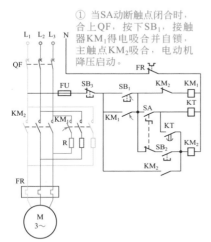
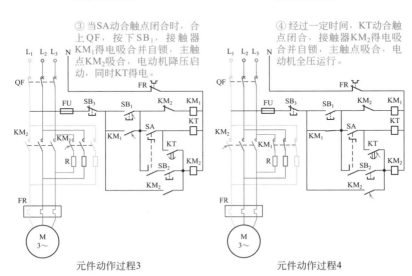

元件动作过程1

元件动作过程2

元件动作过程3

元件动作过程4

| 图2-13（d） | 定子回路串入电阻手动、自动降压启动电路（元件动作过程）

2.2.5　手动控制 Y- △降压启动电路

手动控制 Y- △降压启动电路如图 2-14 所示。

》（1）实物图

如图 2-14（a）所示。

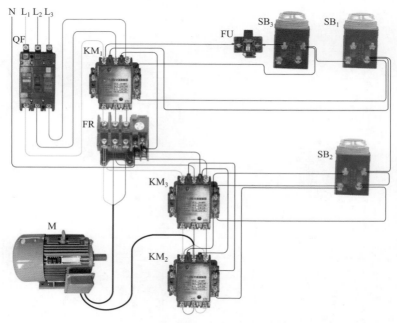

|图2-14（a）| 手动控制 Y- △降压启动电路（实物图）

»（2）符号图

如图 2-14（b）所示。

工作原理：合上断路器 QF，按下 SB$_1$，接触器 KM$_1$、KM$_2$ 得电吸合并通过 KM$_1$ 自锁，主触点闭合，电动机接成 Y 降压启动，经过一定时间后，按下启动按钮 SB$_2$，KM$_2$ 失电、KM$_3$ 闭合，电动机接成 △ 运行。

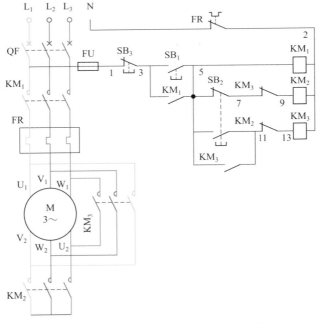

| 图2-14（b） | 手动控制Y-△降压启动电路（符号图）

>> （3）接线图

如图 2-14（c）所示。

从图中可以看出端子排 XB 用来区分电气元件的安装位置，XB 的上方为放置在配电箱内底板上的电气元件，XB 的下方为外接或引自配电箱门面板上的电气元件。

从端子排 XB 上看，共有 15 个端子，其中 L_1、L_2、L_3、N 这四根线为由外引至配电箱内的三根 380V 电源，并穿管引入；U_1、V_1、W_1、U_2、V_2、W_2 这六根为电动机引线，1、3、5、7、11 接至配电箱门面板上的按钮开关 SB_1 ~ SB_3 上。

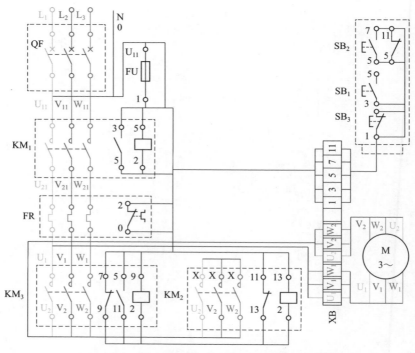

图2-14（c）　手动控制Y-△降压启动电路（接线图）

》（4）元件动作过程

如图 2-14（d）所示。

① 合上电源开关QF，按下按钮SB₁，接触器KM₁得电吸合并自锁

② 同时KM₂得电，电动机绕组在Y接法下降压启动。KM₂动断触点断开KM₃回路，实现联锁。

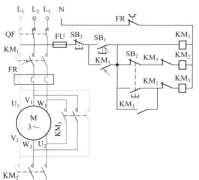

元件动作过程1

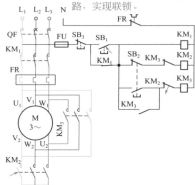

元件动作过程2

③ 当电动机转速趋于正常转速时，按下按钮SB₂，其动断触点断开，接触器KM₂失电释放，KM₂动断触点复位。

④ 而SB₂的动合触点闭合，接触器KM₃得电吸合并自锁，电动机在△接法下全压运行，这时KM₃动断触点复位，即使松开SB₂，KM₂也不能得电。

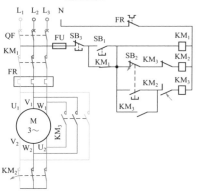

元件动作过程3

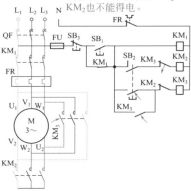

元件动作过程4

│ 图2-14（d）│ **手动控制Y-△降压启动电路（元件动作过程）**

2.2.6 时间继电器 Y- △降压启动电路

时间继电器 Y- △降压启动电路如图 2-15 所示。

≫ **（1）实物图**

如图 2-15（a）所示。

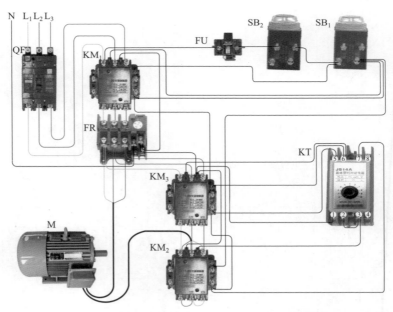

图2-15（a） 时间继电器 Y- △降压启动电路（实物图）

》（2）符号图

如图 2-15（b）所示。

工作原理：合上断路器 QF，按下按钮 SB$_1$，接触器 KM$_1$ 和 KM$_2$ 得电吸合并通过 KM$_1$ 自锁。电动机接成星形降压启动。同时时间继电器 KT 开始延时，经过一定时间，KT 动断触点断开接触器 KM$_2$ 回路，而 KT 动合触点接通 KM$_3$ 线圈回路，电动机在 △ 接法下全压运行。

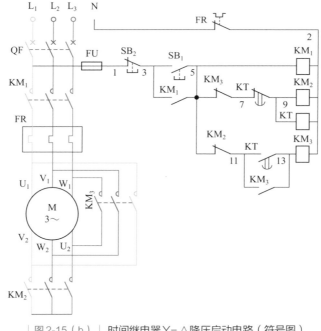

图 2-15（b）　时间继电器 Y-△ 降压启动电路（符号图）

≫（3）接线图

如图 2-15（c）所示。

从图中可以看出端子排 XB 用来区分电气元件的安装位置，XB 的上方为放置在配电箱内底板上的电气元件，XB 的下方为外接或引自配电箱门面板上的电气元件。

从端子排 XB 上看，共有 13 个端子，其中 L_1、L_2、L_3、N 这四根线为由外引至配电箱内的三根 380V 电源，并穿管引入；U_1、V_1、W_1、U_2、V_2、W_2 这六根为电动机引线，1、3、5 接至配电箱门面板上的按钮开关 SB_1、SB_2 上。

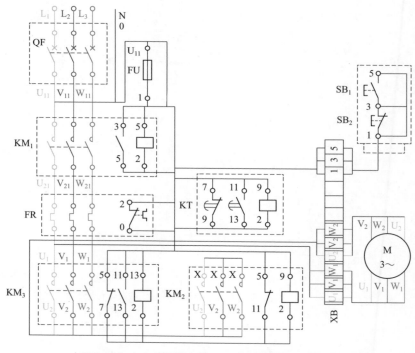

| 图2-15（c）| 时间继电器 Y-△降压启动电路（接线图）

》（4）元件动作过程

如图2-15（d）所示。

① 合上断路器QF，按下按钮SB₁，接触器KM₁和KM₂得电吸合并通过KM₁自锁。电动机接成星形降压启动。

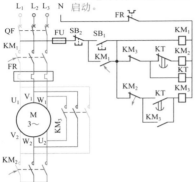

元件动作过程1

② 同时时间继电器KT开始延时，经过一定时间，KT动断触点断开接触器KM₂回路。

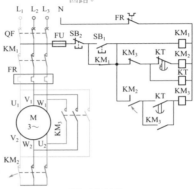

元件动作过程2

③ 而KT动合触点接通KM₃线圈回路，电动机在△接法下全压运行。

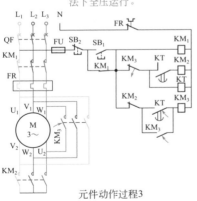

元件动作过程3

④ 停机时按下SB₂，接触器KM₁、KM₃同时失电释放，电动机停止运行。

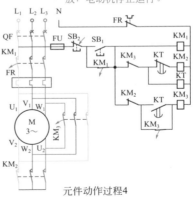

元件动作过程4

| 图2-15（d）| 时间继电器Y-△降压启动电路（元件动作过程）

2.2.7　电流继电器控制自动 Y-△降压启动电路

电流继电器控制自动 Y-△降压启动电路如图 2-16 所示。

》（1）实物图

如图 2-16（a）所示。

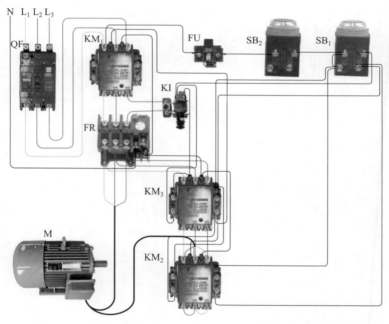

| 图2-16（a） | 电流继电器控制自动Y-△降压启动电路（实物图）

》（2）符号图

如图 2-16（b）所示。

工作原理：合上断路器 QF，按下按钮 SB_1，接触器 KM_2 得电吸合并自锁，其动合辅助触点闭合，KM_1 得电吸合，电动机接成 Y 降压启动。电流继电器 KI 的线圈通电，动断触点断开。当电流下降到一定值时，电流继电器 KI 失电释放，KI 动断触点复位闭合，KM_3 得电吸合，KM_2 失电释放，KM_3 动合辅助触点闭合，KM_1 重新得电吸合，定子绕组接成 △，电动机进入全压正常运行。

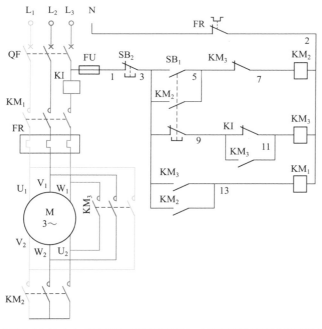

| 图 2-16（b） | 电流继电器控制自动 Y- △ 降压启动电路（符号图）

≫（3）接线图

如图 2-16（c）所示。

从图中可以看出端子排 XB 用来区分电气元件的安装位置，XB 的上方为放置在配电箱内底板上的电气元件，XB 的下方为外接或引自配电箱门面板上的电气元件。

从端子排 XB 上看，共有 14 个端子，其中 L_1、L_2、L_3、N 这四根线为由外引至配电箱内的三根 380V 电源，并穿管引入；U_1、V_1、W_1、U_2、V_2、W_2 这六根为电动机引线，1、3、5、9 接至配电箱门面板上的按钮开关 SB_1、SB_2 上。

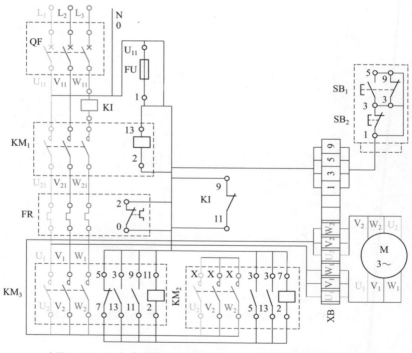

| 图2-16（c） | 电流继电器控制自动Y－△降压启动电路（接线图）

》（4）元件动作过程

如图 2-16（d）所示。

① 按下按钮SB₁，其动断触点先断开KM₃回路。

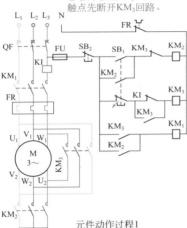

元件动作过程1

② SB₁动合触点接通接触器KM₂回路，KM₂得电吸合并自锁，其动合辅助触点闭合，KM₁得电吸合，电动机接成Y降压启动。电流继电器KI的线圈通电，KI动断触点断开。

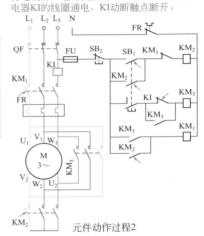

元件动作过程2

③ 当电流下降到一定值时，电流继电器KI失电释放，KI动断触点复位闭合，KM₃得电吸合，KM₁、KM₂失电释放。

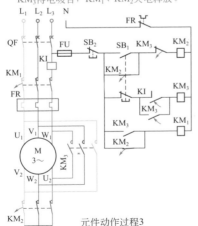

元件动作过程3

④ KM₃动合辅助触点闭合，KM₁重新得电吸合，定子绕组接成△，电动机进入全压正常运行。

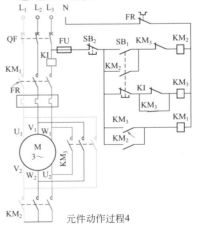

元件动作过程4

| 图2-16（d） | 电流继电器控制自动Y－△降压启动电路（元件动作过程）

2.2.8　具有防止飞弧短路功能的 Y-△降压启动电路

具有防止飞弧短路功能的Y-△降压启动电路如图2-17所示。

》（1）实物图

如图 2-17（a）所示。

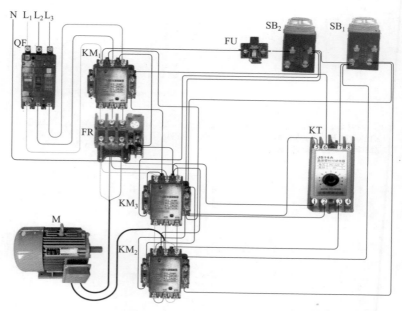

图2-17（a）　具有防止飞弧短路功能的Y-△降压启动电路（实物图）

»（2）符号图

如图 2-17（b）所示。

工作原理：按下按钮 SB$_1$，接触器 KM$_2$ 得电吸合并自锁，其动合辅助触点闭合，KM$_1$ 得电吸合，定子绕组接成 Y 降压启动。同时时间继电器 KT 开始延时，经过一段时间后，KT 的动断触点断开，KM$_2$、KM$_1$ 失电释放，KT 动合触点闭合与复位的 KM$_1$ 的动断辅助触点接通 KM$_3$ 线圈回路，KM$_3$ 得电吸合并自锁，KM$_3$ 动合辅助触点闭合，KM$_1$ 重新得电吸合，定子绕组接成 △，电动机在全压下正常运行。

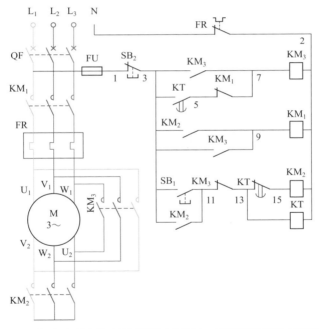

| 图 2-17（b）| 具有防止飞弧短路功能的 Y-△ 降压启动电路（符号图）

≫（3）接线图

如图 2-17（c）所示。

从图中可以看出端子排 XB 用来区分电气元件的安装位置，XB 的上方为放置在配电箱内底板上的电气元件，XB 的下方为外接或引自配电箱门面板上的电气元件。

从端子排 XB 上看，共有 13 个端子，其中 L_1、L_2、L_3、N 这四根线为由外引至配电箱内的三根 380V 电源，并穿管引入；U_1、V_1、W_1、U_2、V_2、W_2 这六根为电动机引线，1、3、11 接至配电箱门面板上的按钮开关 SB_1、SB_2 上。

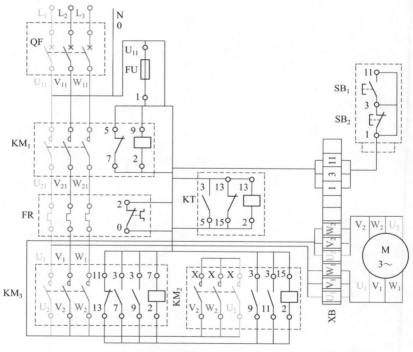

│图2-17（c）│ 具有防止飞弧短路功能的Y-△降压启动电路（接线图）

❯❯（4）元件动作过程

如图 2-17（d）所示。

① 按下按钮SB₁，接触器KM₂得电吸合并自锁，其动合辅助触点闭合，KM₁得电吸合，定子绕组接成Y降压启动。

② 同时时间继电器KT开始延时，经过一段时间后，KT的动断触点断开，KM₂、KM₁失电释放。

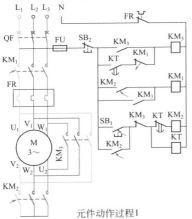

元件动作过程1

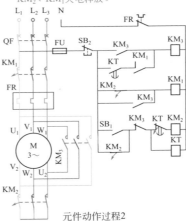

元件动作过程2

③ KT动合触点闭合与复位的KM₁的动断辅助触点接通KM₃线圈回路，KM₃得电吸合并自锁，KM₃动合辅助触点闭合，KM₁重新得电吸合，定子绕组接成△，电动机在全压下正常运行。

④ 停机时，按下SB₂，KM₃失电释放，KM₁失电，电动机停止运行。

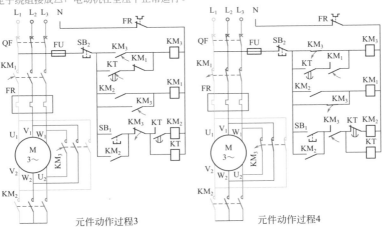

元件动作过程3　　　　　　　　　　　元件动作过程4

│ 图2-17（d）│ 具有防止飞弧短路功能的Y-△降压启动电路（元件动作过程）

2.2.9　单按钮 Y–△降压启动电路

单按钮 Y–△降压启动电路如图 2-18 所示。

》（1）实物图

如图 2-18（a）所示。

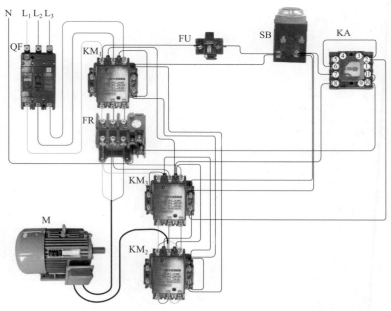

图2-18（a）　单按钮Y–△降压启动电路（实物图）

>> （2）符号图

如图 2-18（b）所示。

工作原理：合上电源开关 QF，按住启动按钮 SB，接触器 KM_2 得电吸合，其动合辅助触点闭合，接触器 KM_1 得电吸合并自锁，电动机绕组接成 Y 降压启动。待电动机转速接近额定转速时，松开按钮 SB，KM_2 失电释放，其动断辅助触点闭合，KM_3 得电吸合，电动机切换成△连接，在全压下运行。

欲使电动机停转，第二次按下 SB，中间继电器 KA 得电吸合，其动断触点断开，KM_1、KM_3 失电释放，电动机停转。

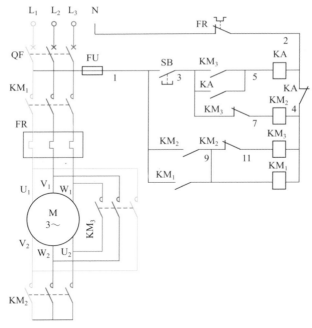

| 图2-18（b） | 单按钮 Y-△ 降压启动电路（符号图）

》（3）接线图

如图2-18（c）所示。

从图中可以看出端子排 XB 用来区分电气元件的安装位置，XB 的上方为放置在配电箱内底板上的电气元件，XB 的下方为外接或引自配电箱门面板上的电气元件。

从端子排 XB 上看，共有 12 个端子，其中 L_1、L_2、L_3、N 这四根线为由外引至配电箱内的三根 380V 电源，并穿管引入；U_1、V_1、W_1 这三根为电动机引线，1、3、5 接至配电箱门面板上的按钮开关 SB_1、SB_2 上，1、11、13 接至配电箱门面板上的指示灯。

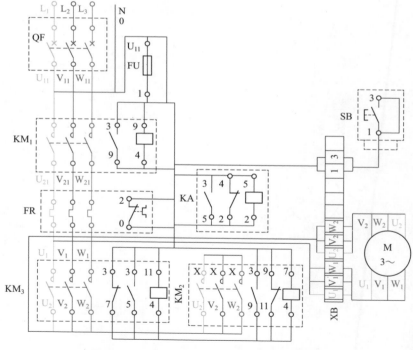

图2-18（c）　单按钮Y－△降压启动电路（接线图）

》（4）元件动作过程

如图 2-18（d）所示。

① 合上电源开关QF，按住启动按钮SB，接触器KM₂得电吸合。

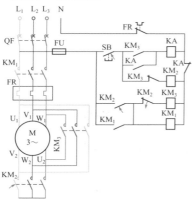

元件动作过程1

② KM₂动合辅助触点闭合，接触器KM₁得电吸合并自锁，电动机绕组接成Y降压启动。

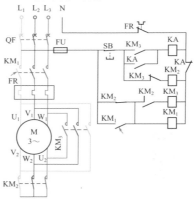

元件动作过程2

③ 松开按钮SB，KM₂失电释放，KM₃得电吸合，电动机切换成△连接全压运行。

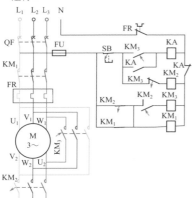

元件动作过程3

④ 再次按下SB，由于此时KM₃动合触点已闭合，KA得电吸合，其动断触点断开KM₁回路，电动机停止。

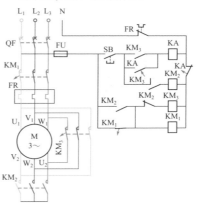

元件动作过程4

图2-18（d） 单按钮Y-△降压启动电路（元件动作过程）

2.2.10 手动延边△降压启动电路

手动延边△降压启动电路如图 2-19 所示。

≫（1）实物图

如图 2-19（a）所示。

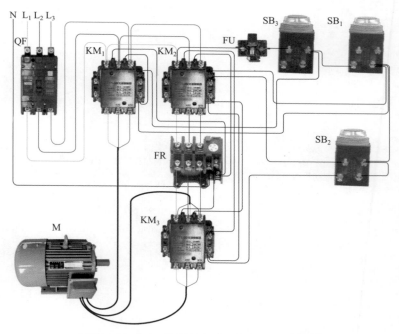

│图2-19（a）│ 手动延边△降压启动电路（实物图）

≫（2）符号图

如图 2-19（b）所示。

工作原理：合上断路器 QF，按下 SB_1，接触器 KM_1、KM_3 得电吸合并通过 KM_1 自锁，主触点闭合，电动机接成延边△降压启动，经过一定时间后，按下启动按钮 SB_2，KM_3 失电、KM_2 闭合，电动机接成△运行。

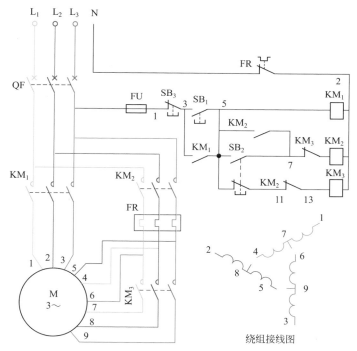

| 图2-19（b） | 手动延边△降压启动电路（符号图）

≫ （3）接线图

如图 2-19（c）所示。

从图中可以看出端子排 XB 用来区分电气元件的安装位置，XB 的上方为放置在配电箱内底板上的电气元件，XB 的下方为外接或引自配电箱门面板上的电气元件。

从端子排 XB 上看，共有 17 个端子，其中 L_1、L_2、L_3、N 这四根线为由外引至配电箱内的三根 380V 电源，并穿管引入；U_1、V_1、W_1、U_2、V_2、W_2、U_3、V_3、W_3 这九根为电动机引线，1、3、5、11 接至配电箱门面板上的按钮开关 SB_1 ~ SB_3 上。

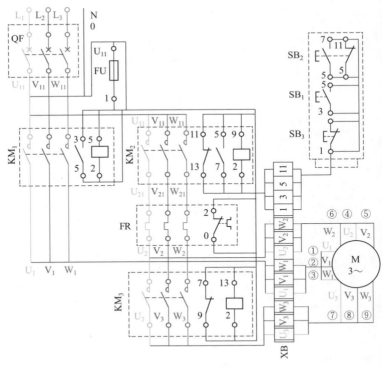

| 图2-19（c） | 手动延边△降压启动电路（接线图）

≫（4）元件动作过程

如图 2-19（d）所示。

① 合上QF，按下SB₁，接触器 KM₁、KM₃得电吸合并由KM₁ 自锁，主触点吸合，电动机接 成延边△降压启动。

② 经过一定时间后，按下启 动按钮SB₂，动断触点先使 KM₃失电。

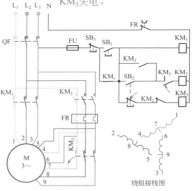

元件动作过程1

元件动作过程2

③ SB₂动合触点再使KM₂闭合， 电动机接成△全压运行。

④ 欲使电动机停止，按 下SB₃，KM₁、KM₂失电 释放，电动机接成停止 运行。

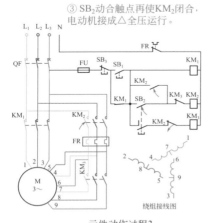

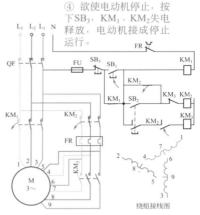

元件动作过程3

元件动作过程4

│ 图2-19（d）│ 手动延边△降压启动电路（元件动作过程）

2.2.11 自动延边△降压启动电路

自动延边△降压启动电路如图2-20所示。

》（1）实物图

如图2-20（a）所示。

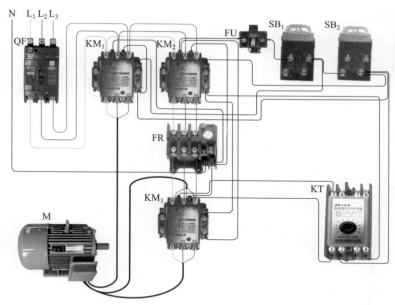

│图2-20（a）│ 自动延边△降压启动电路（实物图）

》（2）符号图

如图 2-20（b）所示。

工作原理：合上断路器 QF，按下按钮 SB_1，接触器 KM_1 得电吸合并自锁，KM_3 也吸合，电动机接成延边△降压启动。同时时间继电器 KT 开始延时，经过一定时间后，其动断触点断开 KM_3 线圈回路，而动合触点接通接触器 KM_2 线圈回路，电动机转为△连接，进入正常运行。

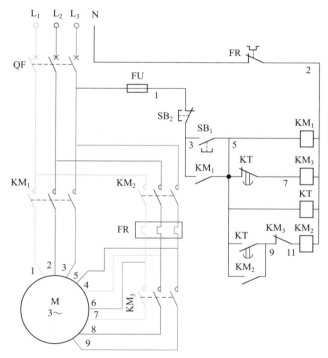

│ 图2-20（b）│ 自动延边△降压启动电路（符号图）

》（3）接线图

如图 2-20（c）所示。

从图中可以看出端子排 XB 用来区分电气元件的安装位置，XB 的上方为放置在配电箱内底板上的电气元件，XB 的下方为外接或引自配电箱门面板上的电气元件。

从端子排 XB 上看，共有 16 个端子，其中 L_1、L_2、L_3、N 这四根线为由外引至配电箱内的三根 380V 电源，并穿管引入；U_1、V_1、W_1、U_2、V_2、W_2、U_3、V_3、W_3 这九根为电动机引线，1、3、5 接至配电箱门面板上的按钮开关 SB_1、SB_2 上。

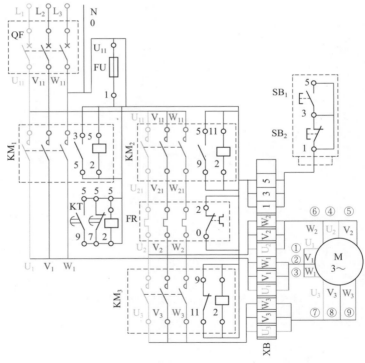

| 图2-20（c） | 自动延边△降压启动电路（接线图）

≫（4）元件动作过程

如图 2-20（d）所示。

① 合上QF，按下SB₁，接触器KM₁、KM₃得电吸合并由KM₁自锁，主触点吸合，电动机接成延边△降压启动，同时时间继电器KT开始延时。

② 经过一定时间后，KT动断触点断开KM₃线圈回路。

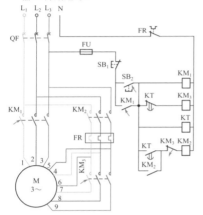

元件动作过程1

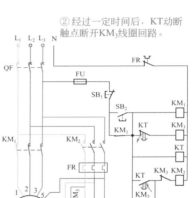

元件动作过程2

③ 而KT动合触点接通接触器KM₂线圈回路，电动机转为△连接，进入正常运行。

④ 停机时按下SB₂，KM₁、KM₂失电释放，电动机停止运行。

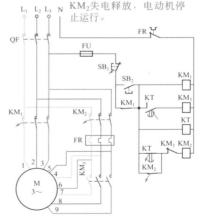

元件动作过程3

元件动作过程4

| 图2-20（d） | 自动延边△降压启动电路（元件动作过程）

2.2.12 延边△二级降压启动电路

延边△二级降压启动电路如图 2-21 所示。

》（1）实物图

如图 2-21（a）所示。

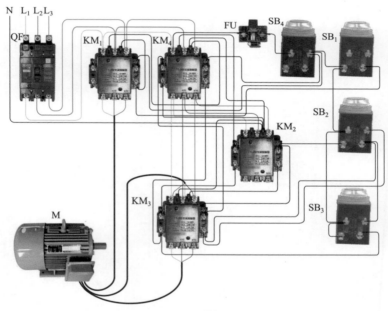

図2-21（a）　延边△二级降压启动电路（实物图）

》（2）符号图

如图 2-21（b）所示。

工作原理：合上断路器 QF，按下按钮 SB$_1$，接触器 KM$_1$、KM$_2$ 先后得电吸合，电动机绕组连成 Y 启动。经过一段时间后，再按下 SB$_2$，接触器 KM$_2$ 断开而 KM$_3$ 接通，电动机接成延边△继续降压启动。再经过一段时间后，按下启动按钮 SB$_3$，接触器 KM$_3$ 失电释放，KM$_4$ 得电吸合并自锁，电动机绕组转换成△形接法，投入正常运行。

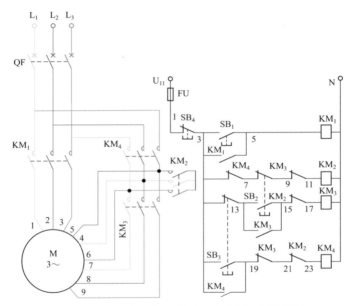

図2-21（b）　延边△二级降压启动电路（符号图）

≫（3）接线图

如图 2-21（c）所示。

从图中可以看出端子排 XB 用来区分电气元件的安装位置，XB 的上方为放置在配电箱内底板上的电气元件，XB 的下方为外接或引自配电箱门面板上的电气元件。

从端子排 XB 上看，共有 20 个端子，其中 L_1、L_2、L_3、N 这四根线为由外引至配电箱内的三根 380V 电源，并穿管引入；U_1、V_1、W_1、U_2、V_2、W_2、U_3、V_3、W_3 这九根为电动机引线，1、3、5、9、13、15、19接至配电箱门面板上的按钮开关SB_1 ~ SB_4上。

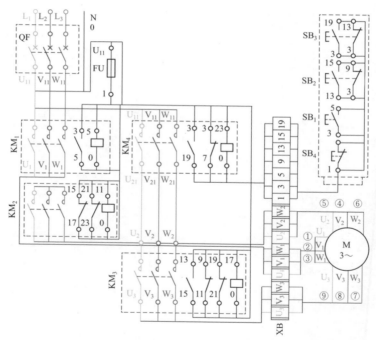

图2-21（c） 延边△二级降压启动电路（接线图）

≫（4）元件动作过程

如图 2-21（d）所示。

① 合上断路器QF，按下按钮SB₁，接触器KM₁、KM₂先后得电吸合，电动机绕组连接成Y启动。

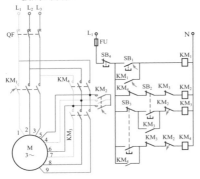

元件动作过程1

② 经过一段时间后，按下按钮SB₂，SB₂动断触点断开接触器KM₂，KM₂动断触点复位。

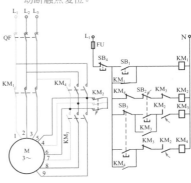

元件动作过程2

③ 而 SB₂动合触点接通 KM₃回路，KM₃得电吸合并自锁，电动机接成延边△继续降压启动。

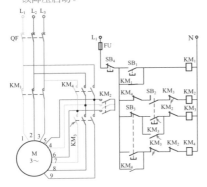

元件动作过程3

④ 再经过一段时间后，按下启动按钮SB₃，接触器KM₃失电释放，KM₄得电吸合并自锁，电动机绕组转换成△接法，投入正常运行。

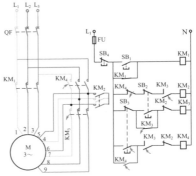

元件动作过程4

│ 图 2-21（d）│ 延边△二级降压启动电路（元件动作过程）

2.2.13　定子回路串入自耦变压器手动、自动降压启动电路

定子回路串入自耦变压器手动、自动降压启动电路如图 2-22 所示。

≫ （1）实物图

如图 2-22（a）所示。

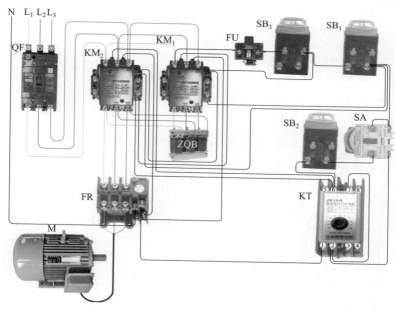

図2-22（a）　定子回路串入自耦变压器手动、自动降压启动电路（实物图）

》（2）符号图

如图 2-22（b）所示。

工作原理：合上断路器 QF，手动时，SA 动断触点闭合，按下 SB_1，接触器 KM_1 得电吸合并自锁，电动机降压启动，当转速达到一定值时，按下 SB_2，KM_2 得电吸合并自锁，其动断辅助触点断开 KM_1 电源，电动机全压运行。

自动时，SA 动合触点闭合，按下 SB_1，接触器 KM_1 得电吸合并自锁，电动机降压启动，同时时间继电器 KT 开始计时，经过一段时间后，其动合触点闭合，KM_2 得电吸合并自锁，电动机全压运行。

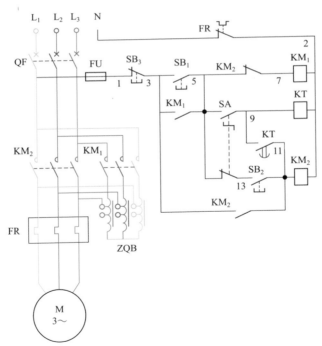

| 图2-22（b） | 定子回路串入自耦变压器手动、自动降压启动电路（符号图）

≫ （3）接线图

如图 2-22（c）所示。

从图中可以看出端子排 XB 用来区分电气元件的安装位置，XB 的上方为放置在配电箱内底板上的电气元件，XB 的下方为外接或引自配电箱门面板上的电气元件。

从端子排 XB 上看，共有 13 个端子，其中 L_1、L_2、L_3、N 这四根线为由外引至配电箱内的三根 380V 电源，并穿管引入；U_1、V_1、W_1 这三根为电动机引线，1、3、5、9、11、13 接至配电箱门面板上的按钮开关 SB_1、SB_2 上。

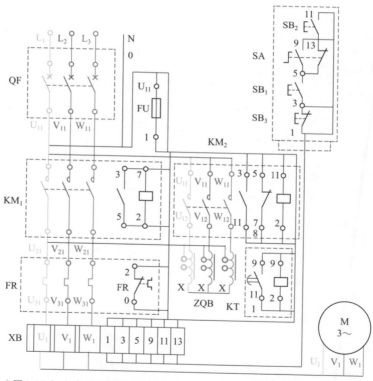

| 图2-22（c） | 定子回路串入自耦变压器手动、自动降压启动电路（接线图）

》（4）元件动作过程

如图 2-22（d）所示。

① 合上断路器QF，手动时，SA动断触点闭合，按下SB₁，接触器KM₁得电吸合并自锁，电动机降压启动。

② 当转速达到一定值时，按下SB₂，KM₂得电吸合并自锁，其动断辅助触点断开KM₁电源，电动机全压运行。

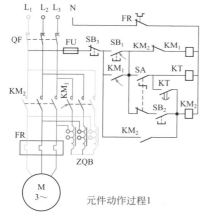

元件动作过程1

元件动作过程2

③ 自动时，SA动合触点闭合，按下SB₁，接触器KM₁得电吸合并自锁，电动机降压启动，同时时间继电器KT开始计时。

④ 经过一段时间后，其动合触点闭合，KM₂得电吸合并自锁，电动机全压运行。

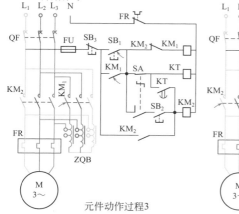

元件动作过程3

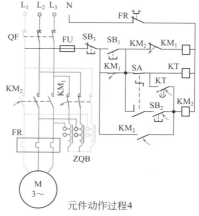

元件动作过程4

| 图 2-22（d）| 定子回路串入自耦变压器手动、自动降压启动电路（元件动作过程）

第 3 章

三相异步电动机运行电路

3.1 点动与连续选择控制电路

3.1.1 复合按钮点动与连续运行电路

复合按钮点动与连续运行电路如图 3-1 所示。

》（1）实物图

如图 3-1（a）所示。

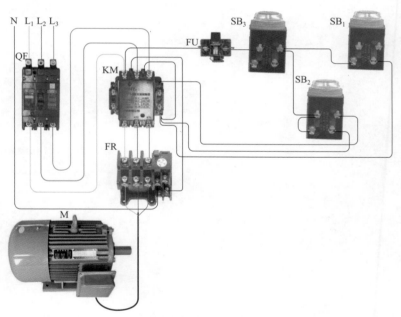

| 图3-1（a） | 复合按钮点动与连续运行电路（实物图）

≫（2）符号图

如图 3-1（b）所示。

工作原理：点动时只使用 SB_2 按钮，按下按钮 SB_2，SB_2 动断触点破坏了 KM 自锁回路，电动机点动运行，松开 SB_2，电动机停止。

连续时使用 SB_1 按钮，按下按钮 SB_1，接触器 KM 得电吸合并自锁，电动机连续运行，按下按钮 SB_3，电动机 M 停止。

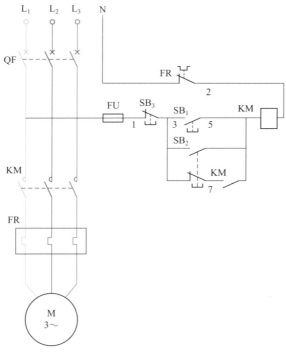

| 图3-1（b） | 复合按钮点动与连续运行电路（符号图）

》（3）接线图

如图 3-1（c）所示。

从图中可以看出端子排 XB 用来区分电气元件的安装位置，XB 的上方为放置在配电箱内底板上的电气元件，XB 的下方为外接或引自配电箱门面板上的电气元件。

从端子排 XB 上看，共有 11 个端子，其中 L_1、L_2、L_3、N 这四根线为由外引至配电箱内的三根 380V 电源，并穿管引入；U_1、V_1、W_1 这三根为电动机引线，1、3、5、7 接至配电箱门面板上的按钮开关 $SB_1 \sim SB_3$ 上。

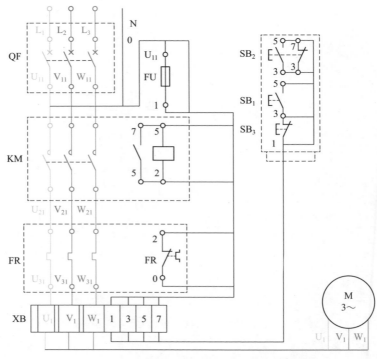

| 图3-1（c）| 复合按钮点动与连续运行电路（接线图）

》（4）元件动作过程

如图3-1（d）所示。

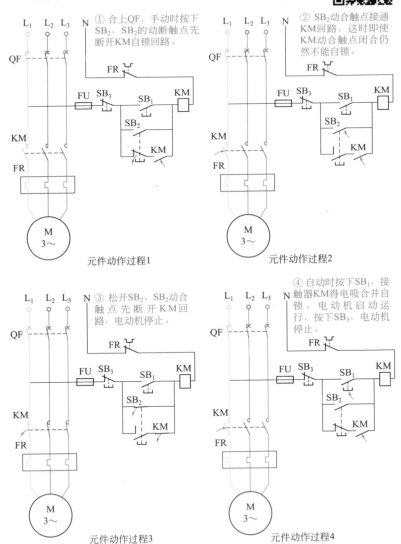

元件动作过程1

① 合上QF，手动时按下SB₂，SB₂的动断触点先断开KM自锁回路。

元件动作过程2

② SB₂动合触点接通KM回路，这时即使KM动合触点闭合仍然不能自锁。

元件动作过程3

③ 松开SB₂，SB₂动合触点先断开KM回路，电动机停止。

元件动作过程4

④ 自动时按下SB₁，接触器KM得电吸合并自锁，电动机启动运行，按下SB₃，电动机停止。

│ 图3-1（d）│ 复合按钮点动与连续运行电路（元件动作过程）

3.1.2 带手动开关的点动与连续运行电路

带手动开关的点动与连续运行电路如图 3-2 所示。

》（1）实物图

如图 3-2（a）所示。

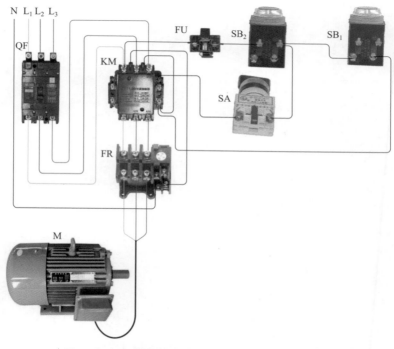

图 3-2（a） 带手动开关的点动与连续运行电路（实物图）

》（2）符号图

如图 3-2（b）所示。

工作原理：点动时 SA 断开，按下按钮 SB_1，电动机启动运行，松开 SB_1，电动机停止。

连续时 SA 闭合，按下按钮 SB_1，接触器 KM 得电吸合并自锁，电动机连续运行，按下按钮 SB_2，电动机 M 停止。

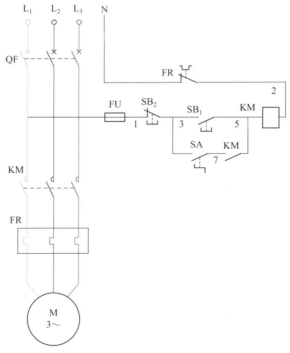

| 图3-2（b）| 带手动开关的点动与连续运行电路（符号图）

≫（3）接线图

如图 3-2（c）所示。

从图中可以看出端子排 XB 用来区分电气元件的安装位置，XB 的上方为放置在配电箱内底板上的电气元件，XB 的下方为外接或引自配电箱门面板上的电气元件。

从端子排 XB 上看，共有 11 个端子，其中 L_1、L_2、L_3、N 这四根线为由外引至配电箱内的三根 380V 电源，并穿管引入；U_1、V_1、W_1 这三根为电动机引线，1、3、5、7 接至配电箱门面板上的按钮开关 SB_1、SB_2、SA 上。

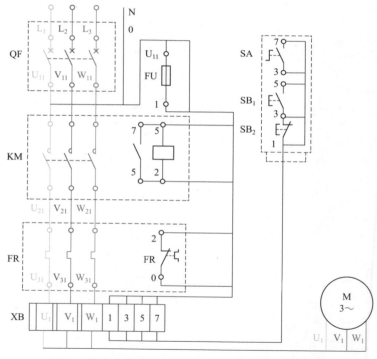

│ 图3-2（c）│ 带手动开关的点动与连续运行电路（接线图）

≫（4）元件动作过程

如图 3-2（d）所示。

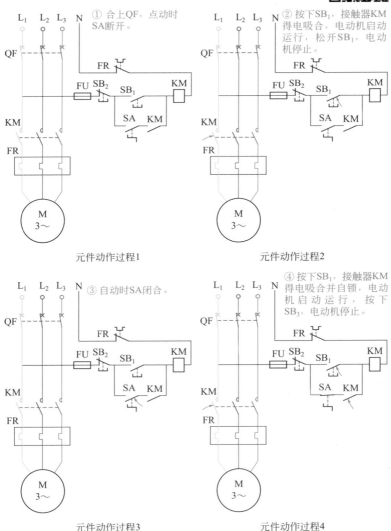

图 3-2（d）　带手动开关的点动与连续运行电路（元件动作过程）

3.2 位置控制电路

3.2.1 行程开关限位控制正反转电路

行程开关限位控制正反转电路如图 3-3 所示。

» **（1）实物图**

如图 3-3（a）所示。

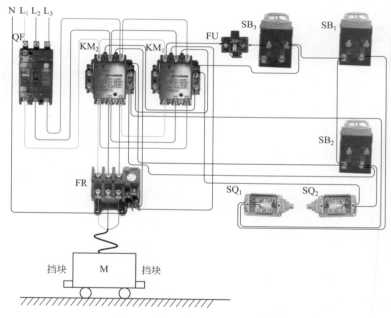

| 图 3-3（a） | 行程开关限位控制正反转电路（实物图）

146

≫（2）符号图

如图 3-3（b）所示。

工作原理：合上断路器 QF，按下 SB_1，接触器 KM_1 得电吸合并自锁，主触点 KM_1 闭合，电动机正转运行，KM_1 动断辅助触点断开，使 KM_2 线圈不能得电。挡铁碰触行程开关 SQ_1 时电动机停转。中途需要反转时，先按下 SB_3，再按 SB_2。反向作用原理相同。

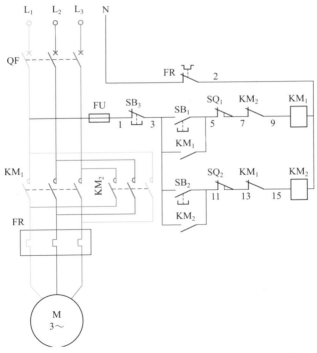

│图 3-3（b）│　行程开关限位控制正反转电路（符号图）

全彩图解电工电路

》（3）接线图

如图 3-3（c）所示。

从图中可以看出端子排 XB 用来区分电气元件的安装位置，XB 的上方为放置在配电箱内底板上的电气元件，XB 的下方为外接或引自配电箱门面板上的电气元件。

从端子排 XB 上看，共有 13 个端子，其中 L_1、L_2、L_3、N 这四根线为由外引至配电箱内的三根 380V 电源，并穿管引入；U_1、V_1、W_1 这三根为电动机引线，1、3、5、11 接至配电箱门面板上的按钮开关 SB_1 ~ SB_3 上，5、7、11、13 接至轨道行程开关上。

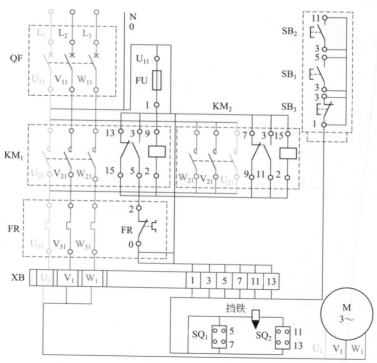

│ 图3-3（c）│ 行程开关限位控制正反转电路（接线图）

148

≫（4）元件动作过程

如图 3-3（d）所示。

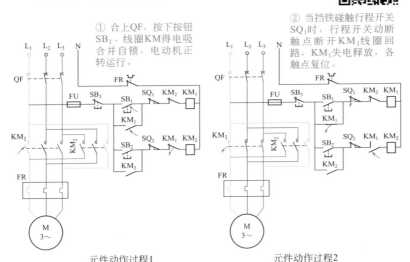

① 合上QF，按下按钮SB₁、线圈KM得电吸合并自锁，电动机正转运行。

② 当挡铁碰触行程开关SQ₁时，行程开关动断触点断开KM₁线圈回路，KM₁失电释放，各触点复位。

元件动作过程1

元件动作过程2

③ 这时按下SB₂，接触器KM₂得电吸合并自锁，主触点KM₂吸合，电动机反转运行，其动断辅助触点KM₂断开，使KM₁线圈不能得电。

④ 当挡铁离开行程开关SQ₁时，动断触点复位，为正转做准备。中途需要反转时，按反向按钮。

元件动作过程3

元件动作过程4

| 图3-3（d） | 行程开关限位控制正反转电路（元件动作过程）

3.2.2 卷扬机控制电路

卷扬机控制电路如图 3-4 所示。

» （1）实物图

如图 3-4（a）所示。

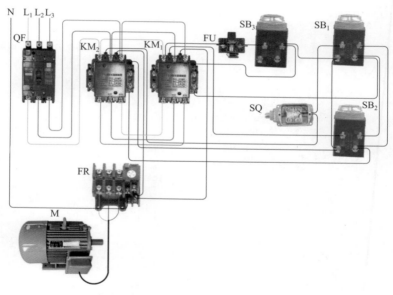

|图 3-4（a）| 卷扬机控制电路（实物图）

>> **（2）符号图**

如图 3-4（b）所示。

工作原理：合上断路器 QF，按下 SB_1，接触器 KM_1 得电吸合并自锁，主触点 KM_1 闭合，电动机上升，挡铁碰触行程开关 SQ 时电动机停转。中途需要反转时，按下 SB_2。反向作用原理相同，只是下降时没有限位。

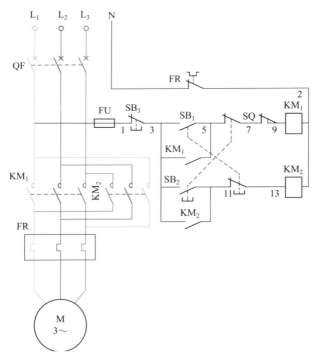

图 3-4（b）　卷扬机控制电路（符号图）

>> （3）接线图

如图 3-4（c）所示。

从图中可以看出端子排 XB 用来区分电气元件的安装位置，XB 的上方为放置在配电箱内底板上的电气元件，XB 的下方为外接或引自配电箱门面板上的电气元件。

从端子排 XB 上看，共有 13 个端子，其中 L_1、L_2、L_3、N 这四根线为由外引至配电箱内的三根 380V 电源，并穿管引入；U_1、V_1、W_1 这三根为电动机引线，1、3、5、11 接至配电箱门面板上的按钮开关 $SB_1 \sim SB_3$ 上，7、9 接至轨道行程开关上。

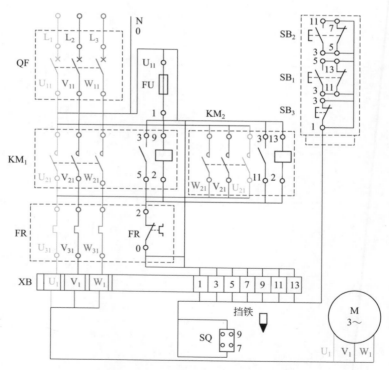

│ 图3-4（c）│ 卷扬机控制电路（接线图）

≫（4）元件动作过程

如图3-4（d）所示。

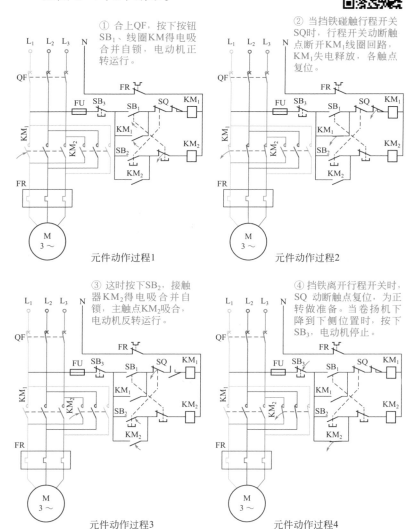

① 合上QF，按下按钮SB₁、线圈KM得电吸合并自锁，电动机正转运行。

元件动作过程1

② 当挡铁碰触行程开关SQ时，行程开关动断触点断开KM₁线圈回路，KM₁失电释放，各触点复位。

元件动作过程2

③ 这时按下SB₂，接触器KM₂得电吸合并自锁，主触点KM₂吸合，电动机反转运行。

元件动作过程3

④ 挡铁离开行程开关时，SQ 动断触点复位，为正转做准备。当卷扬机下降到下侧位置时，按下SB₃，电动机停止。

元件动作过程4

│ 图3-4（d）│ 卷扬机控制电路（元件动作过程）

3.3 循环控制电路

3.3.1 时间继电器控制按周期重复运行的单向运行电路

时间继电器控制按周期重复运行的单向运行电路如图 3-5 所示。

» （1）实物图

如图 3-5（a）所示。

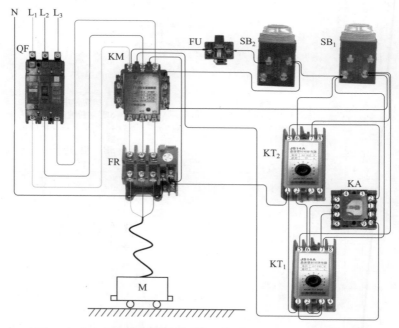

| 图3-5（a） | 时间继电器控制按周期重复运行的单向运行电路（实物图）

》（2）符号图

如图 3-5（b）所示。

工作原理：按下按钮 SB$_1$，线圈 KM 得电吸合并自锁，电动机 M 启动运行，同时 KT$_1$ 开始延时，经过一段时间后，KT$_1$ 的动断触点断开，电动机停转。同时，KT$_2$ 开始延时，经过一定时间后，KT$_2$ 动合触点闭合，接通线圈 KM 回路，以下重复。

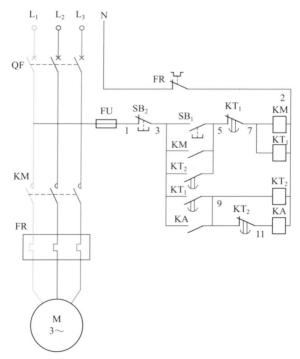

| 图 3-5（b） | 时间继电器控制按周期重复运行的单向运行电路（符号图）

>> （3）接线图

如图 3-5（c）所示。

从图中可以看出端子排 XB 用来区分电气元件的安装位置，XB 的上方为放置在配电箱内底板上的电气元件，XB 的下方为外接或引自配电箱门面板上的电气元件。

从端子排 XB 上看，共有 10 个端子，其中 L$_1$、L$_2$、L$_3$、N 这四根线为由外引至配电箱内的三根 380V 电源，并穿管引入；U$_1$、V$_1$、W$_1$ 这三根为电动机引线，1、3、5 接至配电箱门面板上的按钮开关 SB$_1$、SB$_2$ 上。

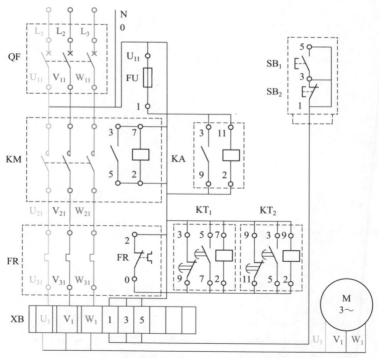

| 图3-5（c）| 时间继电器控制按周期重复运行的单向运行电路（接线图）

>> （4）元件动作过程

如图 3-5（d）所示。

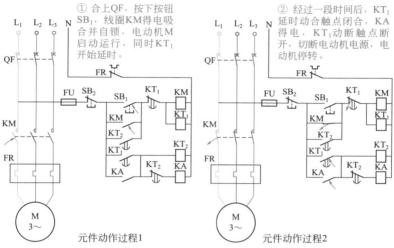

① 合上QF，按下按钮 SB₁，线圈KM得电吸合并自锁，电动机M启动运行，同时KT₁开始延时。

② 经过一段时间后，KT₁延时动合触点闭合，KA得电，KT₁动断触点断开，切断电动机电源，电动机停转。

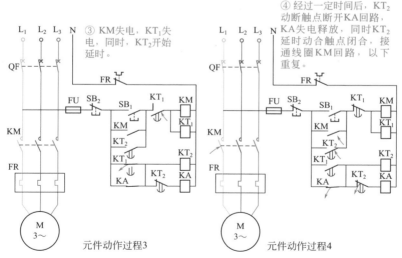

③ KM失电，KT₁失电，同时，KT₂开始延时。

④ 经过一定时间后，KT₂动断触点断开KA回路，KA失电释放，同时KT₂延时动合触点闭合，接通线圈KM回路，以下重复。

| 图3-5（d） | 时间继电器控制按周期重复运行的单向运行电路（元件动作过程）

3.3.2　行程开关控制按周期重复运行的单向运行电路

行程开关控制按周期重复运行的单向运行电路如图3-6所示。

≫（1）实物图

如图 3-6（a）所示。

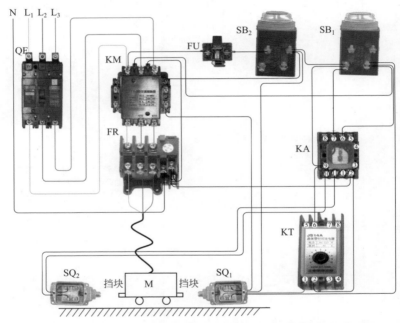

| 图3-6（a）|　行程开关控制按周期重复运行的单向运行电路（实物图）

≫（2）符号图

如图 3-6（b）所示。

工作原理：按下按钮 SB$_1$、线圈 KM 得电吸合并通过行程开关 SQ$_1$ 的动断触点自锁，电动机 M 启动运行，当挡块碰触行程开关 SQ$_1$ 时，电动机 M 停止运行，同时 SQ$_1$ 动合触点接通时间继电器回路，KT 开始延时，经过一段时间后，KT 动合触点闭合，继电器 KA 得电并通过行程开关 SQ$_2$ 自锁，KA 动合触点闭合，使 KM 得电，电动机运行。电动机 M 运行到脱离行程开关 SQ$_1$ 时，SQ$_1$ 复位，同时 KT 线圈回路断开，其动合触点断开。当电动机运行到挡块碰触 SQ$_2$ 时，KA 断电，电动机继续运行至挡块碰触 SQ$_1$，重复以上过程。

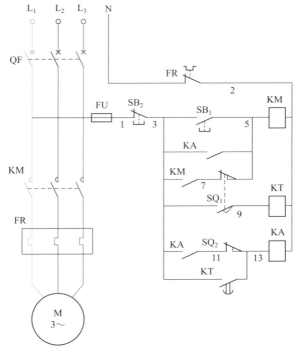

│ 图3-6（b）│　行程开关控制按周期重复运行的单向运行电路（符号图）

≫（3）接线图

如图 3-6（c）所示。

从图中可以看出端子排 XB 用来区分电气元件的安装位置，XB 的上方为放置在配电箱内底板上的电气元件，XB 的下方为外接或引自配电箱门面板上的电气元件。

从端子排 XB 上看，共有 10 个端子，其中 L_1、L_2、L_3、N 这四根线为由外引至配电箱内的三根 380V 电源，并穿管引入；U_1、V_1、W_1 这三根为电动机引线，1、3、5 接至配电箱门面板上的按钮开关 SB_1、SB_2 上。

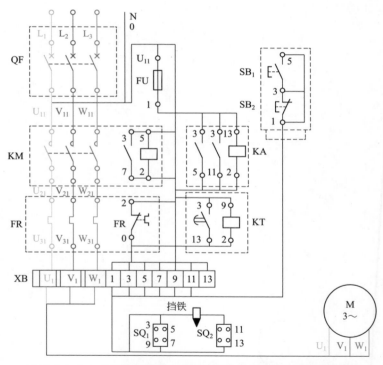

| 图3-6（c） | 行程开关控制按周期重复运行的单向运行电路（接线图）

» （4）元件动作过程

如图3-6（d）所示。

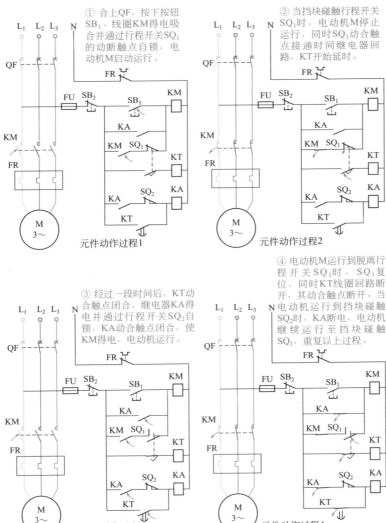

① 合上QF，按下按钮SB₁、线圈KM得电吸合并通过行程开关SQ₁的断开触点自锁，电动机M启动运行。

元件动作过程1

② 当挡块碰触行程开关SQ₁时，电动机M停止运行，同时SQ₁动合触点接通时间继电器回路，KT开始延时。

元件动作过程2

③ 经过一段时间后，KT动合触点闭合，继电器KA得电并通过行程开关SQ₂自锁，KA动合触点闭合，使KM得电，电动机运行。

元件动作过程3

④ 电动机M运行到脱离行程开关SQ₁时，SQ₁复位，同时KT线圈回路断开，其动合触点断开。当电动机运行到挡块碰触SQ₂时，KA断电，电动机继续运行至挡块碰触SQ₁，重复以上过程。

元件动作过程4

| 图3-6（d） | 行程开关控制按周期重复运行的单向运行电路（元件动作过程）

3.3.3 时间继电器控制按周期自动往复可逆运行电路

时间继电器控制按周期自动往复可逆运行电路如图3-7所示。

》（1）实物图

如图3-7（a）所示。

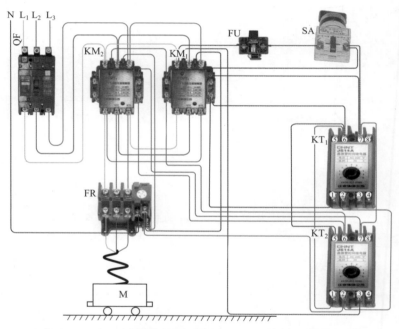

| 图3-7（a） | 时间继电器控制按周期自动往复可逆运行电路（实物图）

≫（2）符号图

如图 3-7（b）所示。

工作原理：合上开关 SA，时间继电器 KT_1 得电吸合并开始延时，经过一段时间延时，时间继电器延时动合触点闭合，接触器 KM_1 得电吸合并自锁，电动机正转启动，同时时间继电器 KT_2 开始延时，经过一段时间延时，KT_2 延时动合触点闭合，接触器 KM_2 得电吸合并自锁，电动机反向启动运行，同时 KM_1 失电，时间继电器 KT_1 开始延时，经过一段时间后，其延时闭合辅助触点闭合，重复以上过程。

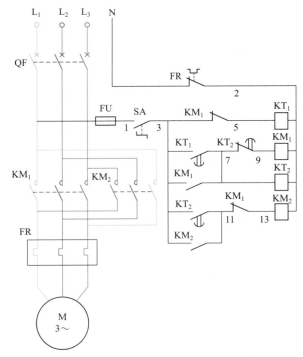

图 3-7（b）　时间继电器控制按周期自动往复可逆运行电路（符号图）

≫（3）接线图

如图 3-7（c）所示。

从图中可以看出端子排 XB 用来区分电气元件的安装位置，XB 的上方为放置在配电箱内底板上的电气元件，XB 的下方为外接或引自配电箱门面板上的电气元件。

从端子排 XB 上看，共有 9 个端子，其中 L_1、L_2、L_3、N 这四根线为由外引至配电箱内的三根 380V 电源，并穿管引入；U_1、V_1、W_1 这三根为电动机引线，1、3 接至配电箱门面板上的按钮开关 SA 上。

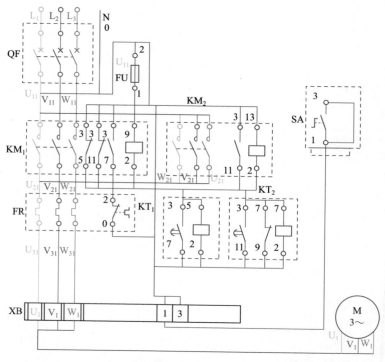

| 图3-7（c） | 时间继电器控制按周期自动往复可逆运行电路（接线图）

≫ （4）元件动作过程

如图 3-7（d）所示。

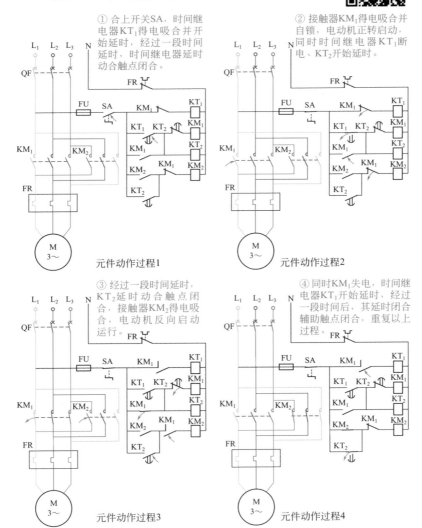

① 合上开关SA，时间继电器KT₁得电吸合并开始延时，经过一段时间延时，时间继电器延时动合触点闭合。

② 接触器KM₁得电吸合并自锁，电动机正转启动，同时时间继电器KT₁断电、KT₂开始延时。

元件动作过程1

元件动作过程2

③ 经过一段时间延时，KT₂延时动合触点闭合，接触器KM₂得电吸合，电动机反向启动运行。

④ 同时KM₁失电，时间继电器KT₁开始延时，经过一段时间后，其延时闭合辅助触点闭合，重复以上过程。

元件动作过程3

元件动作过程4

| 图3-7（d） | 时间继电器控制按周期自动往复可逆运行电路（元件动作过程）

3.3.4　行程开关控制延时自动往返控制电路

行程开关控制延时自动往返控制电路如图 3-8 所示。

》（1）实物图

如图 3-8（a）所示。

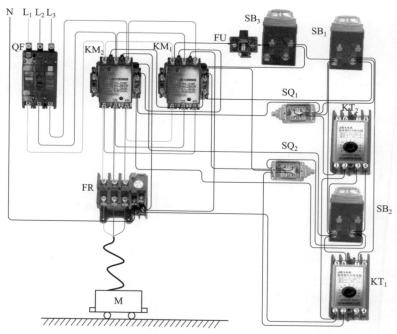

│图3-8（a）│　行程开关控制延时自动往返控制电路（实物图）

»（2）符号图

如图3-8（b）所示。

工作原理：合上断路器 QF，按下启动按钮 SB₁，接触器 KM₁ 得电吸合并自锁，电动机正转启动。当挡铁碰触行程开关 SQ₁ 时，其动断触点断开停止正向运行，同时 SQ₁ 的动合触点接通时间继电器 KT₂ 线圈，经过一段时间延时，KT₂ 动合触点闭合，接通反向接触器 KM₂ 的线圈，电动机反向启动运行，当挡铁碰触行程开关 SQ₂ 时，重复以上过程。

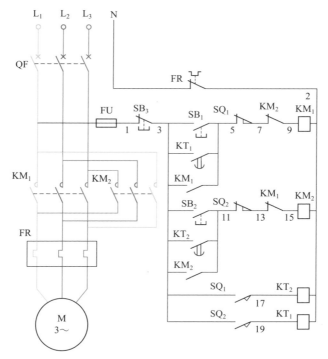

| 图3-8（b）| 行程开关控制延时自动往返控制电路（符号图）

》（3）接线图

如图3-8（c）所示。

从图中可以看出端子排 XB 用来区分电气元件的安装位置，XB 的上方为放置在配电箱内底板上的电气元件，XB 的下方为外接或引自配电箱门面板上的电气元件。

从端子排 XB 上看，共有 15 个端子，其中 L_1、L_2、L_3、N 这四根线为由外引至配电箱内的三根 380V 电源，并穿管引入；U_1、V_1、W_1 这三根为电动机引线，1、3、5、11 接至配电箱门面板上的按钮开关 SB_1 ~ SB_3 上，3、5、7、11、13、17、19 接至行程开关 SQ_1、SQ_2 上。

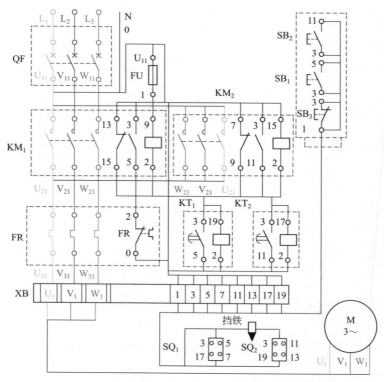

图3-8（c） 行程开关控制延时自动往返控制电路（接线图）

》（4）元件动作过程

如图3-8（d）所示。

① 合上QF，按下SB₁，接触器KM₁得电吸合并自锁，主触点KM₁吸合，电动机正转运行，其动断辅助触点KM₁断开，使KM₂线圈不能得电。

② 当挡铁碰触行程开关SQ₁时，其动断触点断开KM₁回路，正向运行停止；同时SQ₁动合触点接通KT₂回路，KT₂开始延时。

③ 经过延时，KT₂动合触点接通接触器KM₂的线圈，主触点KM₂闭合，电动机反向运行。电动机离开SQ₁时，SQ₁复位。KT₂断开。

④ 当挡铁碰触行程开关SQ₂时，其动断触点断开KM₂回路，反向运行停止；同时SQ₂动合触点接通KT₁回路，KT₁开始延时。经过延时，KT₁动合触点接通接触器KM₁的线圈，重复以上过程。

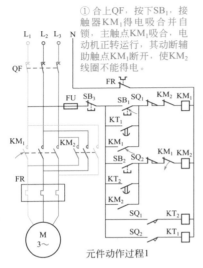

元件动作过程1

元件动作过程2

元件动作过程3

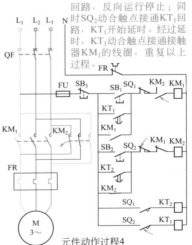

元件动作过程4

| 图3-8（d）| 行程开关控制延时自动往返控制电路（元件动作过程）

169

3.4 两台电动机的顺序控制电路

3.4.1 两台电动机主电路按顺序启动的控制电路

两台电动机主电路按顺序启动的控制电路如图 3-9 所示。

>> （1）实物图

如图 3-9（a）所示。

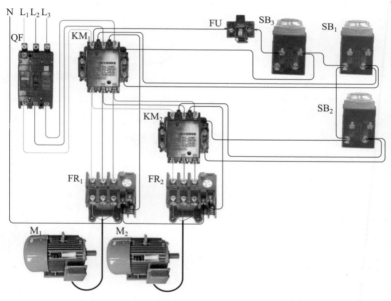

| 图3-9（a） | 两台电动机主电路按顺序启动的控制电路（实物图）

》（2）符号图

如图 3-9（b）所示。

工作原理：合上断路器 QF，按下 SB_1，接触器 KM_1 得电吸合并自锁，电动机 M_1 启动运行，再按下 SB_2，接触器 KM_2 得电吸合并自锁，电动机 M_2 启动运行。按下 SB_3，接触器 KM_1 失电释放，两台电动机同时停止。

主电路中接触器 KM_2 接在 KM_1 后侧，只有在 KM_1 闭合后，KM_2 才能得电，实现主电路顺序启动控制。

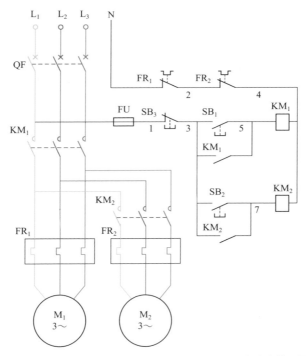

│图3-9（b）│ **两台电动机主电路按顺序启动的控制电路（符号图）**

>> **（3）接线图**

如图 3-9（c）所示。

从图中可以看出端子排 XB 用来区分电气元件的安装位置，XB 的上方为放置在配电箱内底板上的电气元件，XB 的下方为外接或引自配电箱门面板上的电气元件。

从端子排 XB 上看，共有 14 个端子，其中 L_1、L_2、L_3、N 这四根线为由外引至配电箱内的三根 380V 电源，并穿管引入；U_1、V_1、W_1 这三根为电动机 M_1 引线，W_1、U_2、V_2、W_2 这三根为电动机 M_2 引线，1、3、5、7 接至配电箱门面板上的按钮开关 SB_1 ~ SB_3 上。

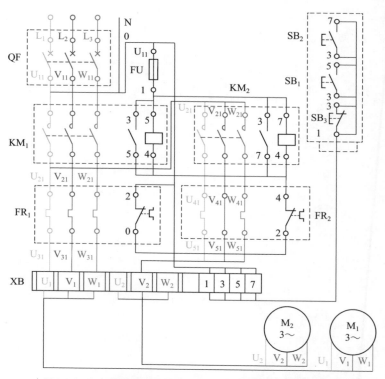

| 图 3-9（c）| 两台电动机主电路按顺序启动的控制电路（接线图）

》》（4）元件动作过程

如图 3-9（d）所示。

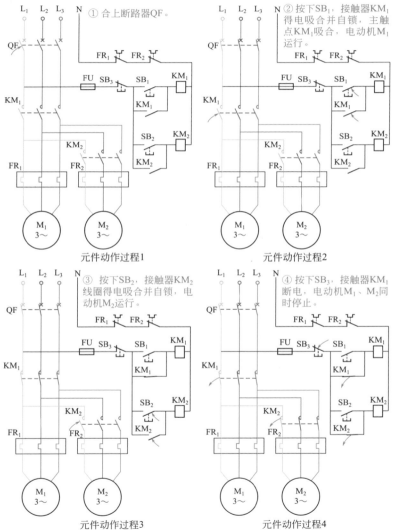

元件动作过程1

① 合上断路器QF。

元件动作过程2

② 按下SB₁，接触器KM₁得电吸合并自锁，主触点KM₁吸合，电动机M₁运行。

元件动作过程3

③ 按下SB₂，接触器KM₂线圈得电吸合并自锁，电动机M₂运行。

元件动作过程4

④ 按下SB₃，接触器KM₁断电，电动机M₁、M₂同时停止。

| 图 3-9（d）| **两台电动机主电路按顺序启动的控制电路（元件动作过程）**

3.4.2　两台电动机同时启动、同时停止的控制电路

两台电动机同时启动、同时停止的控制电路如图3-10所示。

》（1）实物图

如图 3-10（a）所示。

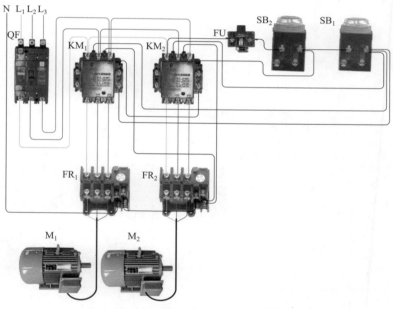

图3-10（a）　两台电动机同时启动、同时停止的控制电路（实物图）

》（2）符号图

如图 3-10（b）所示。

工作原理：合上断路器 QF，按下 SB_1，接触器 KM_1、KM_2 同时得电吸合并自锁，电动机 M_1、M_2 同时启动运行。按下 SB_2，接触器 KM_1、KM_2 同时失电释放，两台电动机同时停止。

控制电路中，接触器 KM_1、KM_2 的动合触点串联后作为自锁回路，而线圈并联在一起，实现两台电动机同时启动、同时停止控制要求。

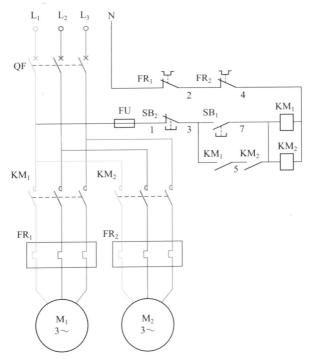

图3-10（b）　两台电动机同时启动、同时停止的控制电路（符号图）

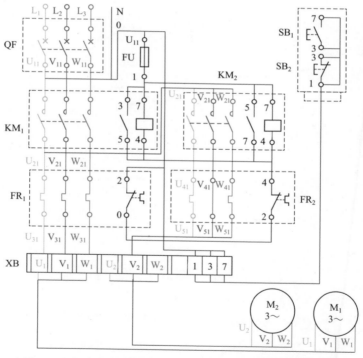

》（3）接线图

如图 3-10（c）所示。

从图中可以看出端子排 XB 用来区分电气元件的安装位置，XB 的上方为放置在配电箱内底板上的电气元件，XB 的下方为外接或引自配电箱门面板上的电气元件。

从端子排 XB 上看，共有 13 个端子，其中 L_1、L_2、L_3、N 这四根线为由外引至配电箱内的三根 380V 电源，并穿管引入；U_1、V_1、W_1 这三根为电动机 M_1 引线，U_2、V_2、W_2 这三根为电动机 M_2 引线，1、3、7 接至配电箱门面板上的按钮开关 SB_1、SB_2 上。

| 图3-10（c） | 两台电动机同时启动、同时停止的控制电路（接线图）

>> **（4）元件动作过程**

如图 3-10（d）所示。

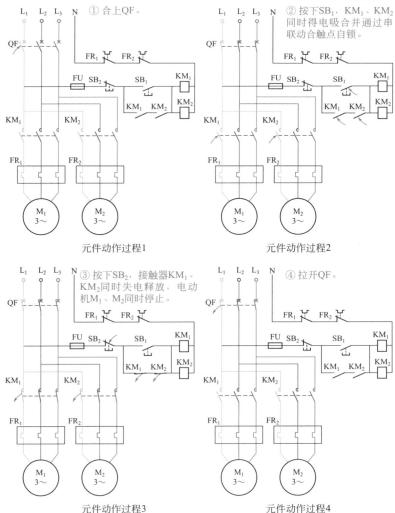

| 图 3-10（d） | 两台电动机同时启动、同时停止的控制电路（元件动作过程）

3.4.3 两台电动机控制电路按顺序启动的电路

两台电动机控制电路按顺序启动的电路如图 3-11 所示。

》（1）实物图

如图 3-11（a）所示。

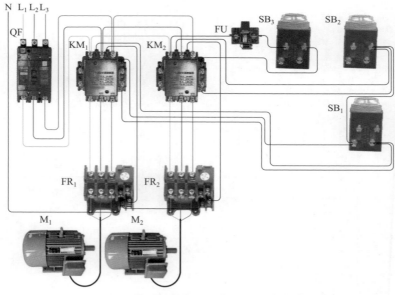

图3-11（a） 两台电动机控制电路按顺序启动的电路（实物图）

» （2）符号图

如图 3-11（b）所示。

工作原理：合上断路器 QF，按下 SB_1，接触器 KM_1 得电吸合并自锁，电动机 M_1 启动运行。再按下 SB_2，接触器 KM_2 得电吸合并自锁，电动机 M_2 启动运行。按下 SB_3，两台电动机同时停止。

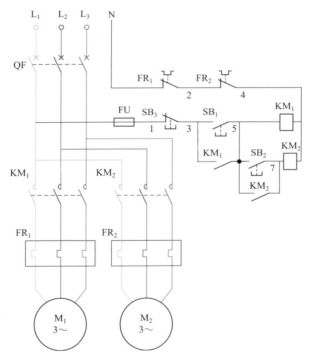

│ 图3-11（b）│ 两台电动机控制电路按顺序启动的电路（符号图）

>> （3）接线图

如图 3-11（c）所示。

从图中可以看出端子排 XB 用来区分电气元件的安装位置，XB 的上方为放置在配电箱内底板上的电气元件，XB 的下方为外接或引自配电箱门面板上的电气元件。

从端子排 XB 上看，共有 14 个端子，其中 L_1、L_2、L_3、N 这四根线为由外引至配电箱内的三根 380V 电源，并穿管引入；U_1、V_1、W_1 这三根为电动机 M_1 引线，U_2、V_2、W_2 这三根为电动机 M_2 引线，1、3、5、7 接至配电箱门面板上的按钮开关 $SB_1 \sim SB_3$ 上。

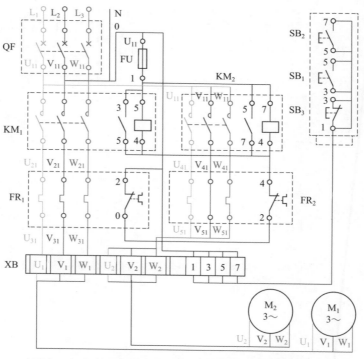

| 图 3-11（c） | 两台电动机控制电路按顺序启动的电路（接线图）

180

» （4）元件动作过程

如图 3-11（d）所示。

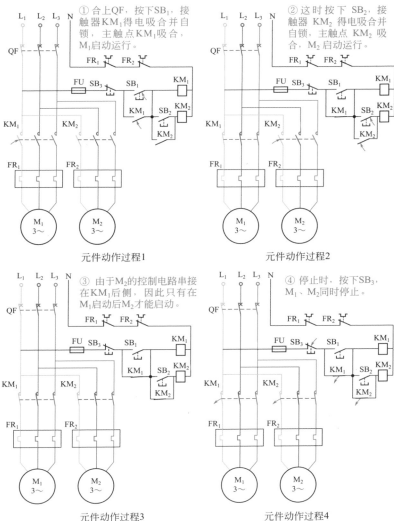

图3-11（d） 两台电动机控制电路按顺序启动的电路（元件动作过程）

元件动作过程1

① 合上QF，按下SB₁，接触器 KM₁ 得电吸合并自锁，主触点KM₁吸合，M₁启动运行。

元件动作过程2

② 这时按下 SB₂，接触器 KM₂ 得电吸合并自锁，主触点 KM₂ 吸合，M₂ 启动运行。

元件动作过程3

③ 由于M₂的控制电路串接在KM₁后侧，因此只有在M₁启动后M₂才能启动。

元件动作过程4

④ 停止时，按下SB₃，M₁、M₂同时停止。

3.4.4　两台电动机控制电路按顺序停止的电路

两台电动机控制电路按顺序停止的电路如图 3-12 所示。

》（1）实物图

如图 3-12（a）所示。

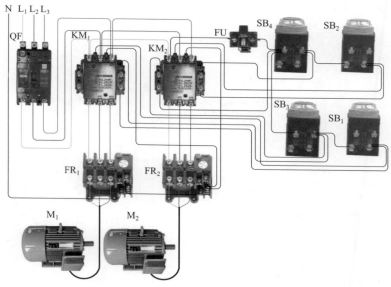

图3-12（a）　两台电动机控制电路按顺序停止的电路（实物图）

》（2）符号图

如图 3-12（b）所示。

工作原理：合上断路器 QF，按下 SB$_1$，接触器 KM$_1$ 得电吸合并自锁，电动机 M$_1$ 启动运行。再按下 SB$_2$，接触器 KM$_2$ 得电吸合并自锁，电动机 M$_2$ 启动运行。停止时先按下 SB$_4$，电动机 M$_2$ 停止，再按下 SB$_3$，电动机 M$_1$ 停止。

控制电路中，接触器 KM$_2$ 的动合触点与 M$_1$ 的停止按钮并联，使得 M$_2$ 启动后，SB$_3$ 失去作用，确保开车时 M$_1$ 先启动，停止时 M$_2$ 先停止的顺序控制要求。

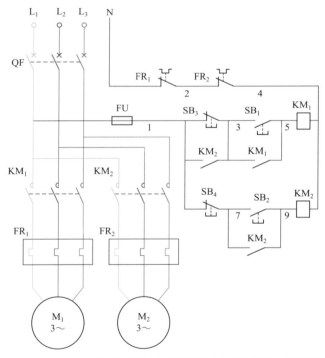

│ 图3-12（b）│ 两台电动机控制电路按顺序停止的电路（符号图）

》（3）接线图

如图 3-12（c）所示。

从图中可以看出端子排 XB 用来区分电气元件的安装位置，XB 的上方为放置在配电箱内底板上的电气元件，XB 的下方为外接或引自配电箱门面板上的电气元件。

从端子排 XB 上看，共有 15 个端子，其中 L_1、L_2、L_3、N 这四根线为由外引至配电箱内的三根 380V 电源，并穿管引入；U_1、V_1、W_1 这三根为电动机 M_1 引线，U_2、V_2、W_2 这三根为电动机 M_2 引线，1、3、5、7、9 接至配电箱门面板上的按钮开关 SB_1 ~ SB_4 上。

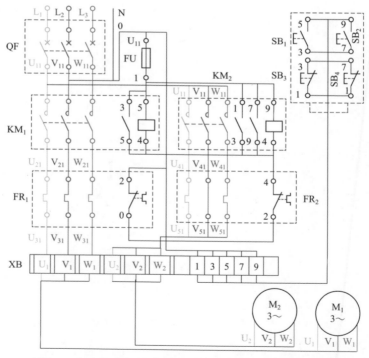

图 3-12（c） 两台电动机控制电路按顺序停止的电路（接线图）

» （4）元件动作过程

如图 3-12（d）所示。

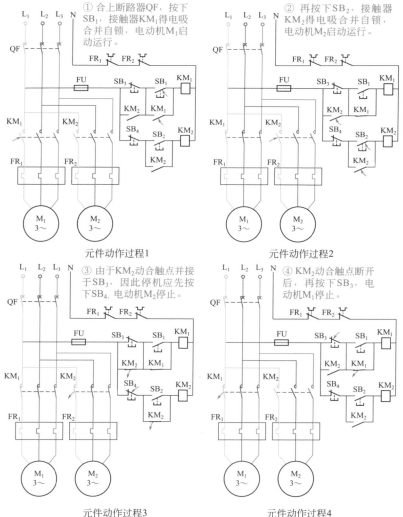

① 合上断路器QF，按下SB₁，接触器KM₁得电吸合并自锁，电动机M₁启动运行。

元件动作过程1

② 再按下SB₂，接触器KM₂得电吸合并自锁，电动机M₂启动运行。

元件动作过程2

③ 由于KM₂动合触点并接于SB₃，因此停机应先按下SB₄，电动机M₂停止。

元件动作过程3

④ KM₂动合触点断开后，再按下SB₃，电动机M₁停止。

元件动作过程4

| 图3-12（d） | 两台电动机控制电路按顺序停止的电路（元件动作过程）

3.4.5 两台电动机按顺序启动、停止的控制电路

两台电动机按顺序启动、停止的控制电路如图 3-13 所示。

》（1）实物图

如图 3-13（a）所示。

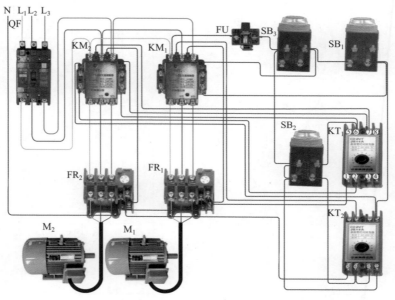

图3-13（a） 两台电动机按顺序启动、停止的控制电路（实物图）

》（2）符号图

如图 3-13（b）所示。

工作原理：控制电路中，电动机 M_2 使用 KT_1 的动合触点启动，M_1 使用 KT_2 的动断触点停止，确保 M_1 启动一定时间后 M_2 才能启动，M_2 停止一定时间后 M_1 才能停止的顺序控制要求。M_1 还设置了停止按钮 SB_3，它可以自由开停。

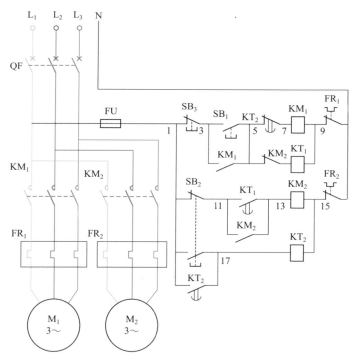

图 3-13（b） 两台电动机按顺序启动、停止的控制电路（符号图）

≫ （3）接线图

如图 3-13（c）所示。

从图中可以看出端子排 XB 用来区分电气元件的安装位置，XB 的上方为放置在配电箱内底板上的电气元件，XB 的下方为外接或引自配电箱门面板上的电气元件。

从端子排 XB 上看，共有 15 个端子，其中 L_1、L_2、L_3、N 这四根线为由外引至配电箱内的三根 380V 电源，并穿管引入；U_1、V_1、W_1 这三根为电动机 M_1 引线，U_2、V_2、W_2 这三根为电动机 M_2 引线，1、3、5、11、17 接至配电箱门面板上的按钮开关 SB_1 ～ SB_3 上。

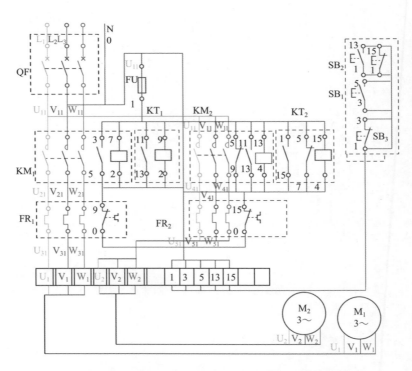

| 图3-13（c）| 两台电动机按顺序启动、停止的控制电路（接线图）

≫（4）元件动作过程

如图 3-13（d）所示。

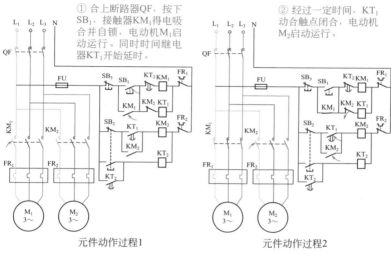

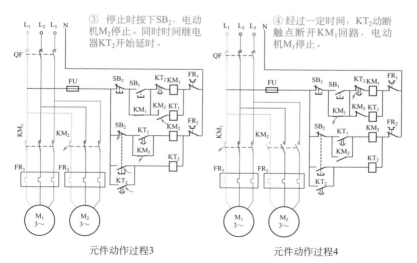

| 图3-13（d） | 两台电动机按顺序启动、停止的控制电路（元件动作过程）

3.4.6 两台电动机按顺序启动、一台自由开停的控制电路

两台电动机按顺序启动、一台自由开停的控制电路如图 3-14 所示。

》（1）实物图

如图 3-14（a）所示。

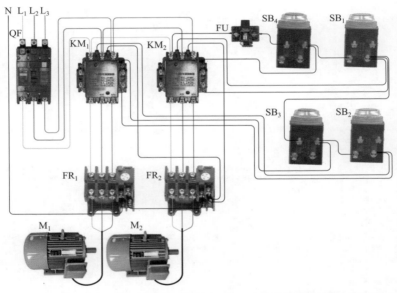

│ 图3-14（a）│ 两台电动机按顺序启动、一台自由开停的控制电路（实物图）

≫ （2）符号图

如图 3-14（b）所示。

工作原理：合上断路器 QF，按下 SB_1，接触器 KM_1 得电吸合并自锁，电动机 M_1 启动运行。再按下 SB_2，接触器 KM_2 得电吸合并自锁，电动机 M_2 启动运行。要使 M_2 停止，按下 SB_3。只有按下 SB_4，电动机 M_1、M_2 才同时停止。

控制电路中，接触器 KM_2 的控制回路接在 KM_1 的自锁回路后面，确保开车时 M_1 先启动、M_2 后启动的顺序控制要求。但 M_2 控制电路单独设置停止按钮，使得 M_2 可以自由开停。

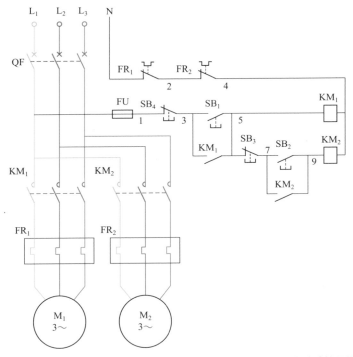

| 图3-14（b） | 两台电动机按顺序启动、一台自由开停的控制电路（符号图）

≫ （3）接线图

如图 3-14（c）所示。

从图中可以看出端子排 XB 用来区分电气元件的安装位置，XB 的上方为放置在配电箱内底板上的电气元件，XB 的下方为外接或引自配电箱门面板上的电气元件。

从端子排 XB 上看，共有 15 个端子，其中 L_1、L_2、L_3、N 这四根线为由外引至配电箱内的三根 380V 电源，并穿管引入；U_1、V_1、W_1 这三根为电动机 M_1 引线，U_2、V_2、W_2 这三根为电动机 M_2 引线，1、3、5、7、9 接至配电箱门面板上的按钮开关 SB_1 ～ SB_4 上。

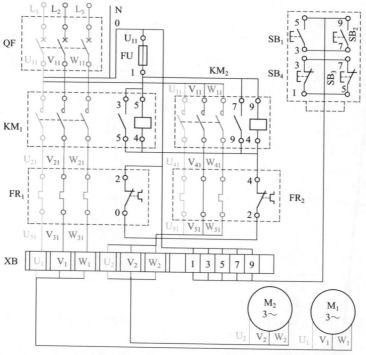

| 图3-14（c）| 两台电动机按顺序启动、一台自由开停的控制电路（接线图）

（4）元件动作过程

如图 3-14（d）所示。

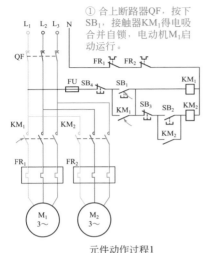

① 合上断路器QF，按下 SB₁，接触器KM₁得电吸合并自锁，电动机M₁启动运行。

元件动作过程1

② 再按下SB₂，接触器 KM₂得电吸合并自锁，电动机M₂启动运行。

元件动作过程2

③ 按下 SB₃，电动机 M₂ 停止，再按 SB₂，电动机 M₂ 又启动，实现 M₂ 自由开停的目的。

元件动作过程3

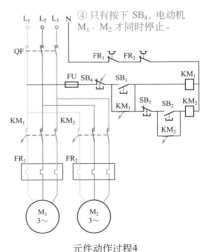

④ 只有按下 SB₄，电动机 M₁、M₂ 才同时停止。

元件动作过程4

| 图3-14（d） | 两台电动机按顺序启动、一台自由开停的控制电路（元件动作过程）

3.5

双速控制电路

3.5.1 2Y-△接法双速电动机控制电路

2Y-△接法双速电动机控制电路如图 3-15 所示。

》（1）实物图

如图 3-15（a）所示。

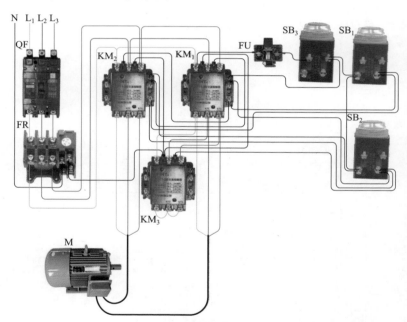

图3-15（a） 2Y-△接法双速电动机控制电路（实物图）

》（2）符号图

如图 3-15（b）所示。

工作原理：合上断路器 QF，按下低速启动按钮 SB$_1$，接触器 KM$_1$ 得电吸合并自锁，电动机为△连接低速运行。再按高速启动按钮 SB$_2$，接触器 KM$_2$、KM$_3$ 得电吸合并通过 KM$_2$ 自锁，此时电动机为 2Y 连接高速运行。

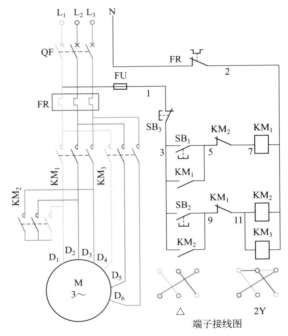

| 图3-15（b）| 2Y-△接法双速电动机控制电路（符号图）

»（3）接线图

如图 3-15（c）所示。

从图中可以看出端子排 XB 用来区分电气元件的安装位置，XB 的上方为放置在配电箱内底板上的电气元件，XB 的下方为外接或引自配电箱门面板上的电气元件。

从端子排 XB 上看，共有 14 个端子，其中 L_1、L_2、L_3、N 这四根线为由外引至配电箱内的三根 380V 电源，并穿管引入；U_1、V_1、W_1、U_2、V_2、W_2 这六根为电动机引线，1、3、5、9 接至配电箱门面板上的按钮开关 SB_1 ～ SB_3 上。

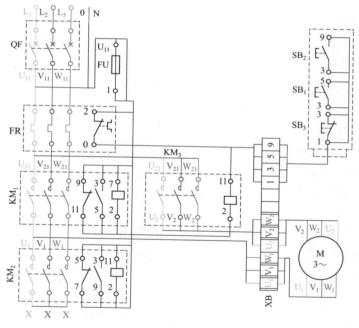

图3-15（c） 2Y-△接法双速电动机控制电路（接线图）

》（4）元件动作过程

如图 3-15（d）所示。

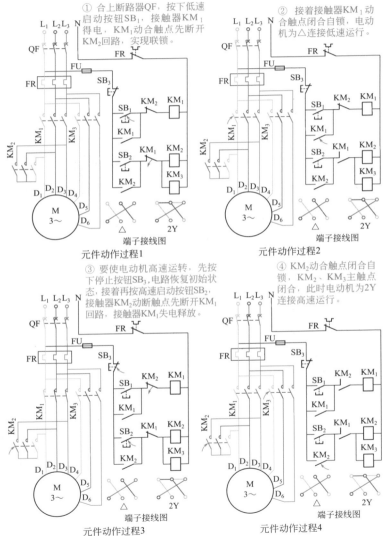

图 3-15（d）　2Y-△接法双速电动机控制电路（元件动作过程）

3.5.2 2Y-△接法电动机升速控制电路

2Y-△接法电动机升速控制电路如图 3-16 所示。

》（1）实物图

如图 3-16（a）所示。

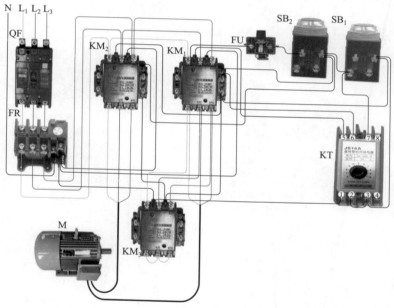

图 3-16（a） 2Y-△接法电动机升速控制电路（实物图）

≫（2）符号图

如图 3-16（b）所示。

工作原理：合上断路器 QF，按下启动按钮 SB_1，接触器 KM_1 得电吸合并自锁，电动机为 △ 连接低速运行。同时时间继电器 KT 线圈得电，经过一段延时后，其动断触点断开，接触器 KM_1 失电释放，其动合触点闭合，接触器 KM_2 和 KM_3 得电吸合并通过 KM_2 自锁，此时电动机为 2Y 连接，进入高速运行。

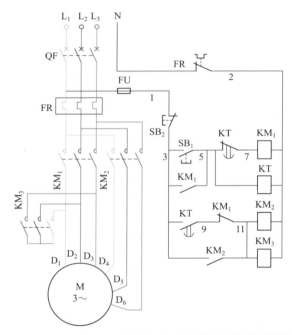

| 图3-16（b） | 2Y-△接法电动机升速控制电路（符号图）

≫（3）接线图

如图 3-16（c）所示。

从图中可以看出端子排 XB 用来区分电气元件的安装位置，XB 的上方为放置在配电箱内底板上的电气元件，XB 的下方为外接或引自配电箱门面板上的电气元件。

从端子排 XB 上看，共有 13 个端子，其中 L₁、L₂、L₃、N 这四根线为由外引至配电箱内的三根 380V 电源，并穿管引入；U₁、V₁、W₁、U₂、V₂、W₂ 这六根为电动机引线，1、3、5 接至配电箱门面板上的按钮开关 SB₁、SB₂ 上。

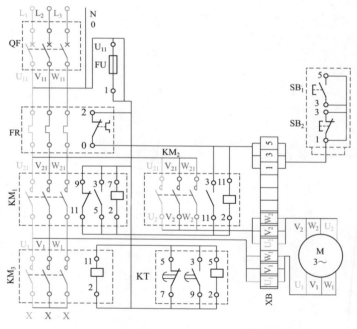

| 图3-16（c） | 2Y-△接法电动机升速控制电路（接线图）

（4）元件动作过程

如图 3-16（d）所示。

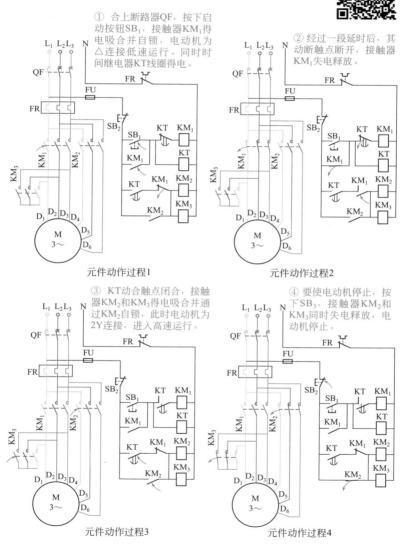

① 合上断路器QF，按下启动按钮SB₁，接触器KM₁得电吸合并自锁，电动机为△连接低速运行。同时时间继电器KT线圈得电。

元件动作过程1

② 经过一段延时后，其动断触点断开，接触器KM₁失电释放。

元件动作过程2

③ KT动合触点闭合，接触器KM₂和KM₃得电吸合并通过KM₂自锁，此时电动机为2Y连接，进入高速运行。

元件动作过程3

④ 要使电动机停止，按下SB₃，接触器KM₂和KM₃同时失电释放，电动机停止。

元件动作过程4

| 图 3-16（d） | 2Y-△接法电动机升速控制电路（元件动作过程）

3.6
其他运行电路

3.6.1　长时间断电后来电自启动控制电路

长时间断电后来电自启动控制电路如图 3-17 所示。

» （1）实物图

如图 3-17（a）所示。

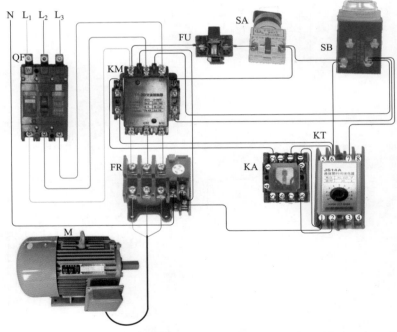

图 3-17（a）　长时间断电后来电自启动控制电路（实物图）

≫（2）符号图

如图 3-17（b）所示。

工作原理：合上转换开关 SA，按下 SB，接触器 KM 得电吸合并自锁，电动机 M 运行。当出现停电时，KA、KM 都将失电释放，KA 动断触点复位，当再次来电时，时间继电器 KT 的线圈得电，经过延时接通 KM 线圈。

控制电路中，KM 的得电方式有两个 SB、KT 的动合触点，而 KT 只有在 KM 失电后，才能由中间继电器 KA 接通开始延时，断电延时再启动控制电路。

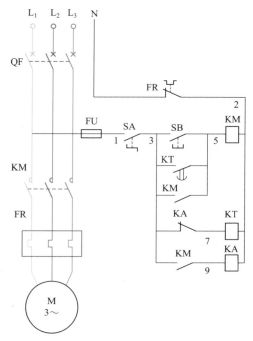

图3-17（b）　长时间断电后来电自启动控制电路（符号图）

》》（3）接线图

如图 3-17（c）所示。

从图中可以看出端子排 XB 用来区分电气元件的安装位置，XB 的上方为放置在配电箱内底板上的电气元件，XB 的下方为外接或引自配电箱门面板上的电气元件。

从端子排 XB 上看，共有 10 个端子，其中 L_1、L_2、L_3、N 这四根线为由外引至配电箱内的三根 380V 电源，并穿管引入；U_1、V_1、W_1 这三根为电动机引线，1、3、5 接至配电箱门面板上的按钮开关 SA、SB 上。

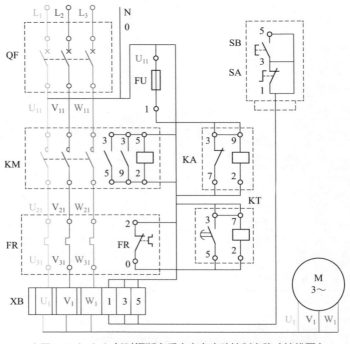

图3-17（c） 长时间断电后来电自启动控制电路（接线图）

》》（4）元件动作过程

如图 3-17（d）所示。

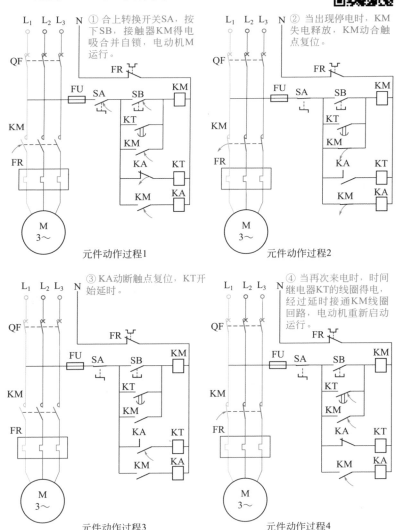

元件动作过程1

① 合上转换开关SA，按下SB，接触器KM得电吸合并自锁，电动机M运行。

元件动作过程2

② 当出现停电时，KM失电释放，KM动合触点复位。

元件动作过程3

③ KA动断触点复位，KT开始延时。

元件动作过程4

④ 当再次来电时，时间继电器KT的线圈得电，经过延时接通KM线圈回路，电动机重新启动运行。

| 图3-17（d） | 长时间断电后来电自启动控制电路（元件动作过程）

3.6.2 两台电动机自动互投的控制电路

两台电动机自动互投的控制电路如图 3-18 所示。

»（1）实物图

如图 3-18（a）所示。

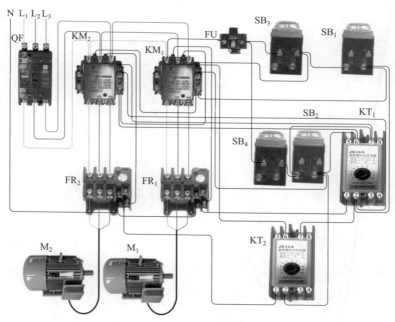

图 3-18（a）　两台电动机自动互投的控制电路（实物图）

》（2）符号图

如图 3-18（b）所示。

工作原理：合上断路器 QF，按下启动按钮 SB$_1$，接触器 KM$_1$ 得电吸合并自锁，电动机 M$_1$ 运行。同时断电延时继电器 KT$_1$ 得电。如果电动机 M$_1$ 故障停止，则经过延时，KT$_1$ 动合触点闭合，接通 KM$_2$ 线圈回路，KM$_2$ 得电吸合并自锁，电动机 M$_2$ 投入运行。如果先开 M$_2$，工作原理相同。

控制电路中，两个接触器的得电方式都有两个自身启动按钮和由对方时间继电器断电延时的时间继电器动合触点，这样在对方电动机故障停止而经过延时后自身就将启动，属于两台电动机互投控制电路。

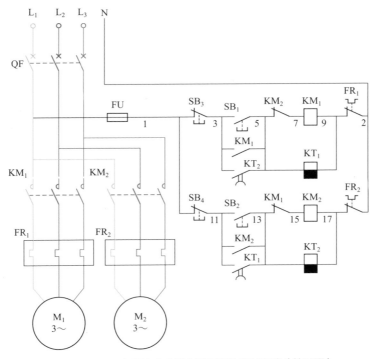

图 3-18（b） 两台电动机自动互投的控制电路（符号图）

➤➤（3）接线图

如图 3-18（c）所示。

从图中可以看出端子排 XB 用来区分电气元件的安装位置，XB 的上方为放置在配电箱内底板上的电气元件，XB 的下方为外接或引自配电箱门面板上的电气元件。

从端子排 XB 上看，共有 15 个端子，其中 L_1、L_2、L_3、N 这四根线为由外引至配电箱内的三根 380V 电源，并穿管引入；U_1、V_1、W_1 这三根为电动机 M_1 引线，U_2、V_2、W_2 这三根为电动机 M_2 引线，1、3、5、11、13 接至配电箱门面板上的按钮开关 SB_1 ～ SB_4 上。

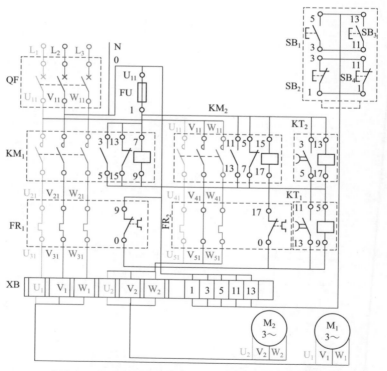

图3-18（c）　两台电动机自动互投的控制电路（接线图）

（4）元件动作过程

如图 3-18（d）所示。

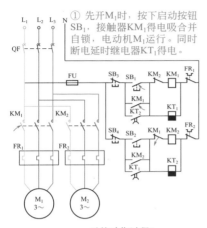

① 先开M₁时，按下启动按钮SB₁，接触器KM₁得电吸合并自锁，电动机M₁运行。同时断电延时继电器KT₁得电。

元件动作过程1

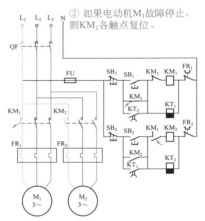

② 如果电动机M₁故障停止，则KM₁各触点复位。

元件动作过程2

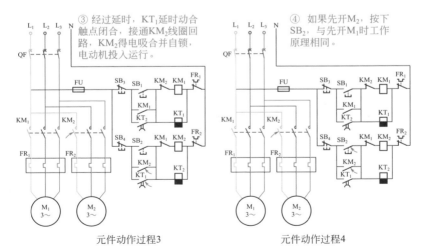

③ 经过延时，KT₁延时动合触点闭合，接通KM₂线圈回路，KM₂得电吸合并自锁，电动机投入运行。

元件动作过程3

④ 如果先开M₂，按下SB₂，与先开M₁时工作原理相同。

元件动作过程4

│ 图3-18（d）│ **两台电动机自动互投的控制电路（元件动作过程）**

3.6.3 手动 Y-△接法节电控制电路

手动 Y-△接法节电控制电路如图 3-19 所示。

>> （1）实物图

如图 3-19（a）所示。

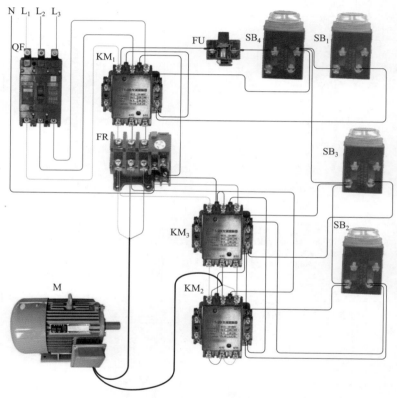

| 图3-19（a） | 手动Y-△接法节电控制电路（实物图）

»（2）符号图

如图3-19（b）所示。

工作原理：合上断路器 QF，按下 SB$_1$，接触器 KM$_1$ 得电吸合并自锁。重载时按下启动按钮 SB$_3$，电动机接成 △ 运行。轻载时按下启动按钮 SB$_2$，电动机接成 Y 运行，达到节电目的。

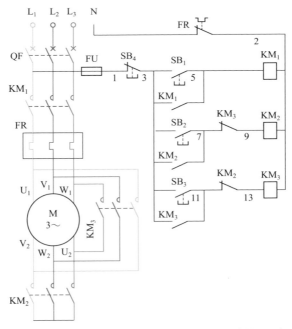

| 图3-19（b） | 手动Y-△接法节电控制电路（符号图）

≫（3）接线图

如图 3-19（c）所示。

从图中可以看出端子排 XB 用来区分电气元件的安装位置，XB 的上方为放置在配电箱内底板上的电气元件，XB 的下方为外接或引自配电箱门面板上的电气元件。

从端子排 XB 上看，共有 15 个端子，其中 L_1、L_2、L_3、N 这四根线为由外引至配电箱内的三根 380V 电源，并穿管引入；U_1、V_1、W_1、U_2、V_2、W_2 这六根为电动机引线，1、3、5、7、11 接至配电箱门面板上的按钮开关 SB_1 ～ SB_3 上。

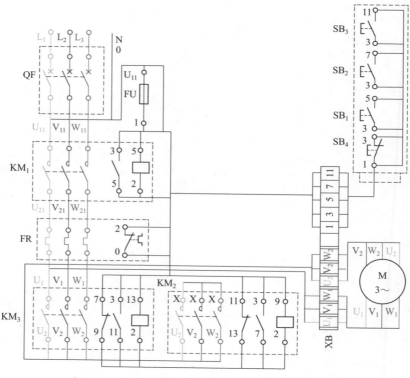

图3-19（c）　手动Y-△接法节电控制电路（接线图）

⟫（4）元件动作过程

如图 3-19（d）所示。

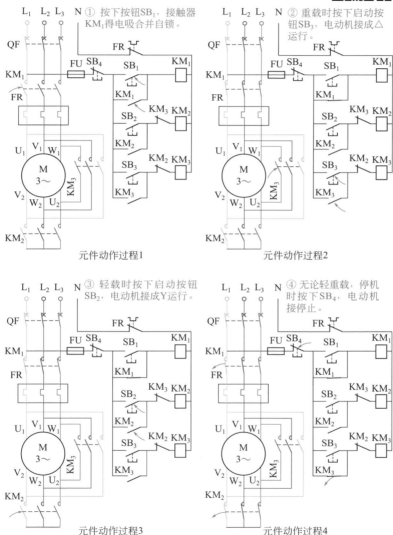

图 3-19（d） 手动 Y-△ 接法节电控制电路（元件动作过程）

第 **4** 章

三相异步电动机制动电路

4.1 反接制动电路

4.1.1 速度继电器单向运转反接制动电路

速度继电器单向运转反接制动电路如图 4-1 所示。

≫（1）实物图

如图 4-1（a）所示。

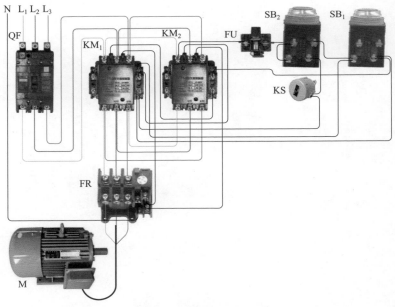

| 图4-1（a） | 速度继电器单向运转反接制动电路（实物图）

≫（2）符号图

如图 4-1（b）所示。

工作原理：合上断路器 QF，按下启动按钮 SB_1，接触器 KM_1 得电吸合并自锁，电动机直接启动。当电动机转速升高到一定值后，速度继电器 KS 的触点闭合，为反接制动做准备。停机时，按下停止按钮 SB_2，接触器 KM_1 失电释放，其动断触点闭合，接触器 KM_2 得电吸合，电动机反接制动。当转速低于一定值时，速度继电器 KS 触点打开，KM_2 失电释放。

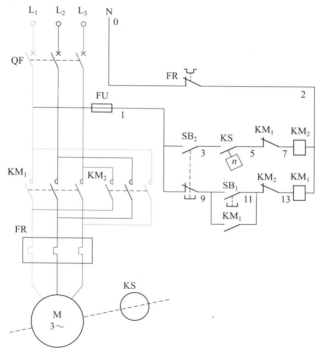

| 图4-1（b） | 速度继电器单向运转反接制动电路（符号图）

》（3）接线图

如图 4-1（c）所示。

从图中可以看出端子排 XB 用来区分电气元件的安装位置，XB 的上方为放置在配电箱内底板上的电气元件，XB 的下方为外接或引自配电箱门面板上的电气元件。

从端子排 XB 上看，共有 11 个端子，其中 L_1、L_2、L_3、N 这四根线为由外引至配电箱内的三根 380V 电源，并穿管引入；U_1、V_1、W_1 这三根为电动机引线，1、3、9、11 接至配电箱门面板上的按钮开关 SB_1、SB_2 上，3、5 接至速度继电器动合触点。

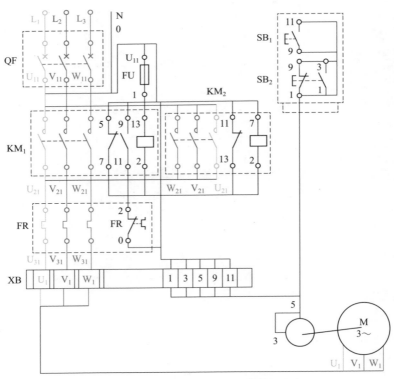

| 图4-1（c） | 速度继电器单向运转反接制动电路（接线图）

»（4）元件动作过程

如图 4-1（d）所示。

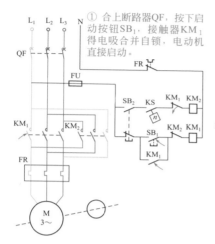

① 合上断路器QF，按下启动按钮SB₁，接触器KM₁得电吸合并自锁，电动机直接启动。

② 当电动机转速升高到一定值后，速度继电器KS的动合触点闭合。

元件动作过程1

元件动作过程2

③ 停机时，按下停止按钮SB₂，接触器KM₁失电释放，其动断触点闭合，接触器KM₂得电吸合，电动机反接制动。

④ 当转速低于一定值时，速度继电器KS触点打开，KM₂失电释放，制动过程结束。

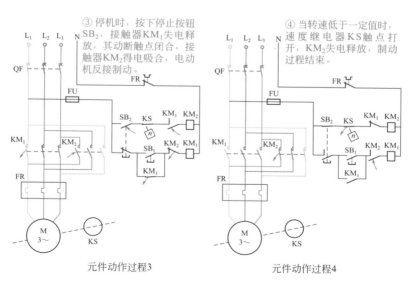

元件动作过程3

元件动作过程4

| 图4-1（d） | 速度继电器单向运转反接制动电路（元件动作过程）

4.1.2 时间继电器单向运转反接制动电路

时间继电器单向运转反接制动电路如图 4-2 所示。

>> （1）实物图

如图 4-2（a）所示。

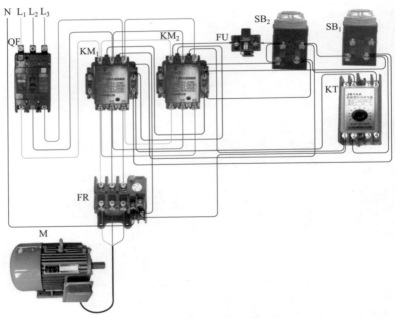

| 图4-2（a） | 时间继电器单向运转反接制动电路（实物图）

》（2）符号图

如图 4-2（b）所示。

工作原理：合上断路器 QF，按下启动按钮 SB_1，接触器 KM_1 得电吸合并自锁，电动机直接启动，时间继电器得电吸合。停机时，按下停止按钮 SB_2，接触器 KM_1 失电释放，KM_1 动断触点闭合，KM_2 得电吸合并自锁，电动机反接制动。同时时间继电器开始延时，经过一定时间后，KT 动断触点断开，KM_2 失电释放，制动过程结束。

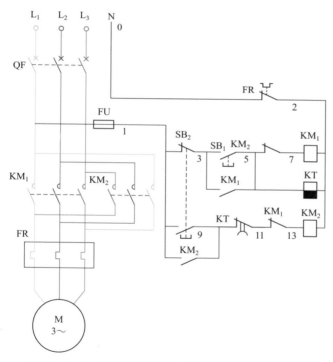

│ 图4-2（b）│ 时间继电器单向运转反接制动电路（符号图）

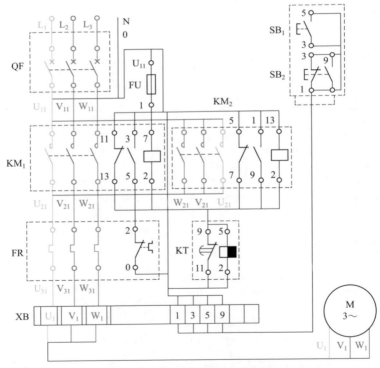

》（3）接线图

如图 4-2（c）所示。

从图中可以看出端子排 XB 用来区分电气元件的安装位置，XB 的上方为放置在配电箱内底板上的电气元件，XB 的下方为外接或引自配电箱门面板上的电气元件。

从端子排 XB 上看，共有 11 个端子，其中 L_1、L_2、L_3、N 这四根线为由外引至配电箱内的三根 380V 电源，并穿管引入；U_1、V_1、W_1 这三根为电动机引线，1、3、5、9 接至配电箱门面板上的按钮开关 SB_1、SB_2 上。

| 图4-2（c） | 时间继电器单向运转反接制动电路（接线图）

≫（4）元件动作过程

如图 4-2（d）所示。

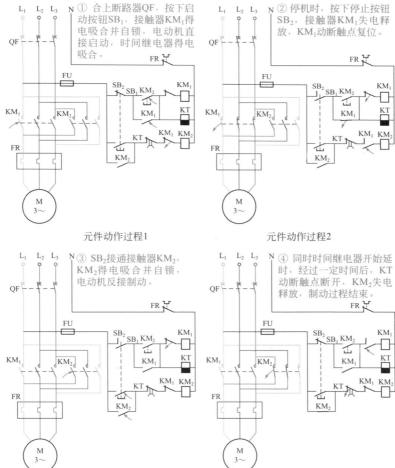

图 4-2（d）　时间继电器单向运转反接制动电路（元件动作过程）

4.1.3 单向电阻降压启动反接制动电路

单向电阻降压启动反接制动电路如图 4-3 所示。

≫ （1）实物图

如图 4-3（a）所示。

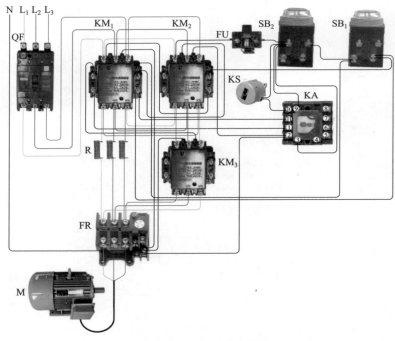

│图4-3（a）│ 单向电阻降压启动反接制动电路（实物图）

≫ （2）符号图

如图 4-3（b）所示。

工作原理：合上电源开关 QF，按下启动按钮 SB_1，接触器 KM_1 得电吸合并自锁，电动机串入电阻 R 降压启动。当转速上升到一定值时，速度继电器 KS 动合触点闭合，中间继电器 KA 得电吸合并自锁，接触器 KM_3 得电吸合，其主触点闭合，短接了降压电阻 R，电动机进入全压正常运行。

停机时，按下按钮 SB_2，接触器 KM_1、KM_3 先后失电释放，KM_1 动断辅助触点复位，KM_2 得电吸合，电动机串入限流电阻 R 反接制动。当电动机转速下降到一定值时，KS 动合触点断开，KM_2 失电释放，反接制动结束。

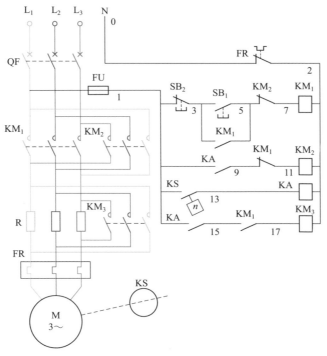

| 图4-3（b） | 单向电阻降压启动反接制动电路（符号图）

≫（3）接线图

如图 4-3（c）所示。

从图中可以看出端子排 XB 用来区分电气元件的安装位置，XB 的上方为放置在配电箱内底板上的电气元件，XB 的下方为外接或引自配电箱门面板上的电气元件。

从端子排 XB 上看，共有 11 个端子，其中 L₁、L₂、L₃、N 这四根线为由外引至配电箱内的三根 380V 电源，并穿管引入；U₁、V₁、W₁ 这三根为电动机引线，1、3、5、13 接至配电箱门面板上的按钮开关 SB₁、SB₂ 上，1、13 接至速度继电器动合触点。

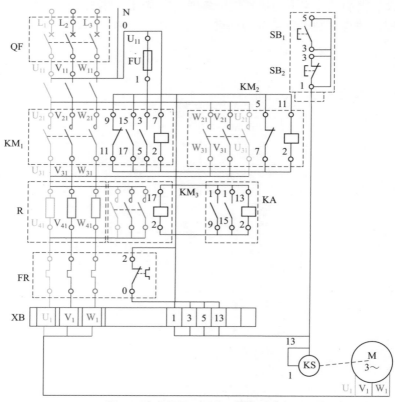

│ 图4-3（c）│ 单向电阻降压启动反接制动电路（接线图）

≫（4）元件动作过程

如图 4-3（d）所示。

① 合上电源开关QF，按下启动按钮SB₁，接触器KM₁得电吸合并自锁，其动合触点闭合，电动机经电阻R降压启动。

② 当转速上升到一定值时，速度继电器KS触点闭合，中间继电器KA得电吸合，其动合触点闭合，接触器KM₃得电吸合，主触点闭合，短接了降压电阻R，电动机进入全压正常运行。

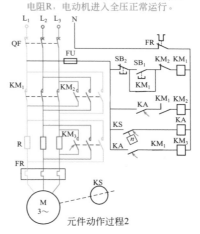

元件动作过程1　　　　　　元件动作过程2

③ 停机时，按下按钮SB₂，接触器KM₁、KM₃先后失电释放，由于KM₁动断辅助触点已闭合，所以KM₂得电吸合，电动机串入电阻反接制动。

④ 当电动机转速下降到一定值时，KS触点断开，KA失电释放，其动合触点断开，KM₂失电释放，反接制动结束。

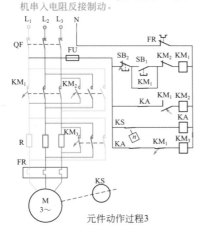

元件动作过程3　　　　　　元件动作过程4

图 4-3（d）　单向电阻降压启动反接制动电路（元件动作过程）

227

4.1.4 正反向运转反接制动电路

正反向运转反接制动电路如图 4-4 所示。

》（1）实物图

如图 4-4（a）所示。

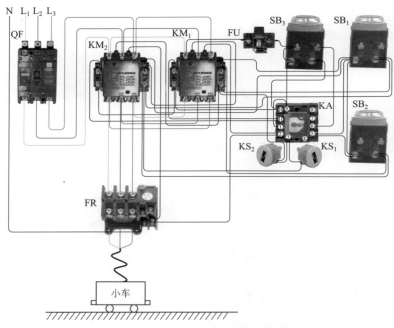

│图4-4（a）│ 正反向运转反接制动电路（实物图）

》（2）符号图

如图 4-4（b）所示。

工作原理：合上断路器 QF，按下启动按钮 SB_1，接触器 KM_1 得电吸合并自锁，电动机正转运行。当电动机转速达到一定值后，速度继电器 KS_1 动合触点闭合。停机时，按下停止按钮 SB_3，接触器 KM_1 失电释放，中间继电器 KA 得电吸合并自锁，接触器 KM_2 得电吸合，电动机反接制动，当转速低于一定值时，KS_1 动合触点打开，KM_2 和 KA 失电释放，制动结束。

反转方法与此相同。

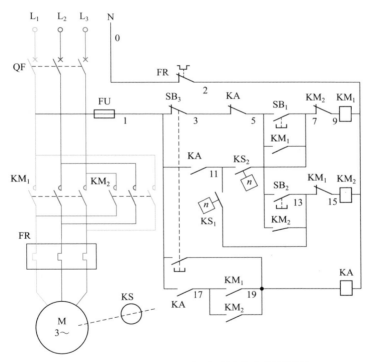

| 图4-4（b） | 正反向运转反接制动电路（符号图）

>> **（3）接线图**

如图 4-4（c）所示。

从图中可以看出端子排 XB 用来区分电气元件的安装位置，XB 的上方为放置在配电箱内底板上的电气元件，XB 的下方为外接或引自配电箱门面板上的电气元件。

从端子排 XB 上看，共有 14 个端子，其中 L₁、L₂、L₃、N 这四根线为由外引至配电箱内的三根 380V 电源，并穿管引入；U₁、V₁、W₁ 这三根为电动机引线，1、3、5、7、19 接至配电箱门面板上的按钮开关 SB₁、SB₂ 上，7、11、13 接至速度继电器动合触点。

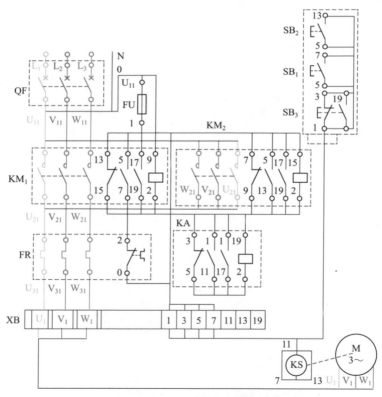

| 图4-4（c） | 正反向运转反接制动电路（接线图）

》》（4）元件动作过程

如图 4-4（d）所示。

① 合上电源开关QF，按下启动按钮SB₁，接触器KM₁得电吸合并自锁，电动机正转。

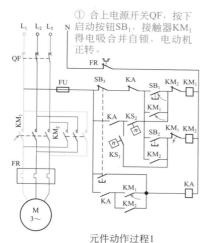

元件动作过程1

② 当电动机转速达到一定值后，速度继电器KS₁触点闭合，为反接制动做好准备。

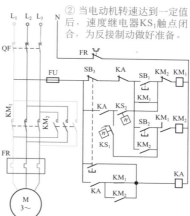

元件动作过程2

③ 停机时，按下停止按钮SB₃，接触器KM₁失电释放，中间继电器KA得电吸合。

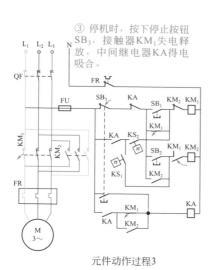

元件动作过程3

④ KA动合触点闭合，接触器KM₂得电吸合，电动机反接制动，当转速低于一定值时，KS触点打开，KM₂和KA先后失电释放，电动机脱离电源，制动结束。

元件动作过程4

图4-4（d） 正反向运转反接制动电路（元件动作过程）

4.1.5 正反向电阻降压启动反接制动电路

正反向电阻降压启动反接制动电路如图 4-5 所示。

》（1）实物图

如图 4-5（a）所示。

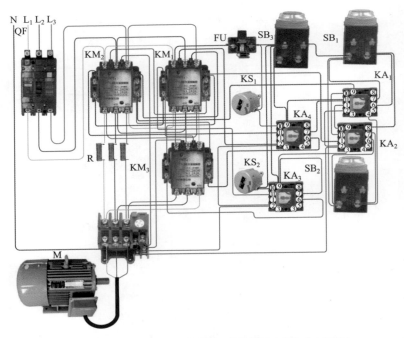

| 图4-5（a）| 正反向电阻降压启动反接制动电路（实物图）

》（2）符号图

如图 4-5（b）所示。

工作原理：合上断路器 QF，按下启动按钮 SB_1，中间继电器 KA_1 得电吸合并自锁，接触器 KM_1 线圈得电，电动机正转降压启动。当转速上升到一定值后，速度继电器 KS_2 触点闭合，KA_3 得电，接触器 KM_3 得电吸合，短接电阻 R，电动机进入全压正常运行。停机时，按下停止按钮 SB_3，接触器 KM_1、KM_3 失电释放，而接触器 KM_2 得电吸合，电动机串入电阻反接制动。当转速低于一定值时，速度继电器 KS_2 动合触点打开，KM_2 失电释放，电动机制动结束。电动机反转及其制动过程与上述过程相似。

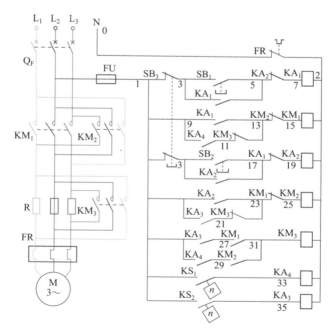

图4-5（b）　正反向电阻降压启动反接制动电路（符号图）

≫ （3）接线图

如图 4-5（c）所示。

从图中可以看出端子排 XB 用来区分电气元件的安装位置，XB 的上方为放置在配电箱内底板上的电气元件，XB 的下方为外接或引自配电箱门面板上的电气元件。

从端子排 XB 上看，共有 13 个端子，其中 L_1、L_2、L_3、N 这四根线为由外引至配电箱内的三根 380V 电源，并穿管引入；U_1、V_1、W_1 这三根为电动机引线，1、3、7、13 接至配电箱门面板上的按钮开关 $SB_1 \sim SB_3$ 上，1、23、25 接至速度继电器动合触点。

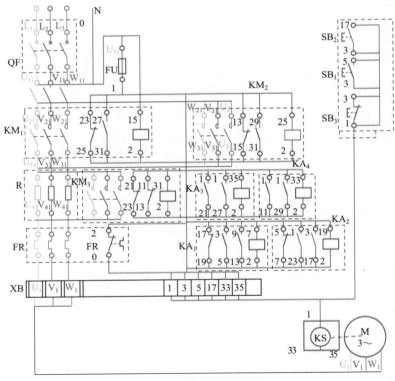

| 图4-5（c） | 正反向电阻降压启动反接制动电路（接线图）

（4）元件动作过程

如图 4-5（d）所示。

① 合上断路器QF，按下启动按钮SB₁，中间继电器KA₁得电吸合并自锁，接触器KM₁得电，电动机正转降压启动。

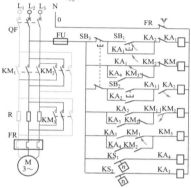

元件动作过程1

② 当转速上升到一定值时，速度继电器KS₂闭合，中间继电器KA₃得电，接触器KM₃得电，短接电阻R，电动机全压运行。

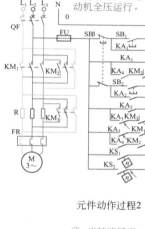

元件动作过程2

③ 停机时按下SB₃，速度继电器KS₂闭合，中间继电器KA₁失电释放，接触器KM₁、KM₃失电，而接触器KM2得电，电动机反接制动。

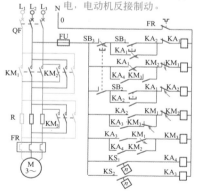

元件动作过程3

④ 当转速低于一定值时，速度继电器KS₂动合触点打开，KM₂失电释放，电动机制动结束。

电动机反转及其制动过程与上述过程相似。

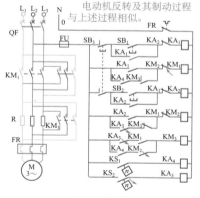

元件动作过程4

图4-5（d） 正反向电阻降压启动反接制动电路（元件动作过程）

4.2 能耗制动电路

4.2.1 手动单向运转能耗制动电路

手动单向运转能耗制动电路如图 4-6 所示。

» （1）实物图

如图 4-6（a）所示。

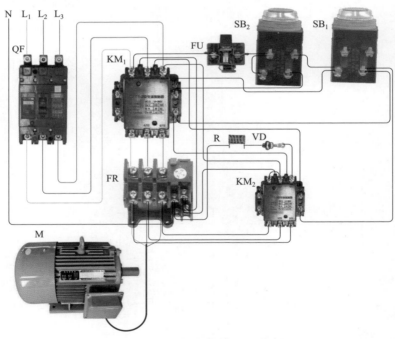

│ 图4-6（a）│ 手动单向运转能耗制动电路（实物图）

》（2）符号图

如图 4-6（b）所示。

工作原理：合上断路器 QF，按下启动按钮 SB$_1$，接触器 KM$_1$ 得电吸合并自锁，电动机启动运行，停机时，按下停止按钮 SB$_2$，KM$_1$ 失电释放，电动机脱离三相交流电源，而接触器 KM$_2$ 得电吸合，其主触点闭合，于是降压变压器 TC 二次侧电压经整流桥 UR 整流后加到两相定子绕组上，电动机进入能耗制动状态，待电动机转速下降至零时，松开停止按钮 SB$_2$，接触器 KM$_2$ 失电释放，切断直流电源，能耗制动结束。

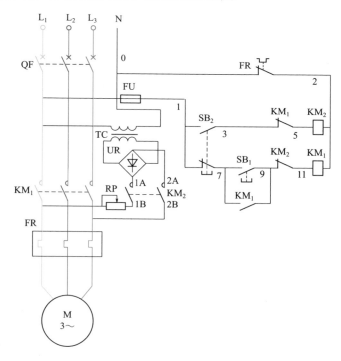

| 图 4-6（b） | 手动单向运转能耗制动电路（符号图）

>> （3）接线图

如图 4-6（c）所示。

从图中可以看出端子排 XB 用来区分电气元件的安装位置，XB 的上方为放置在配电箱内底板上的电气元件，XB 的下方为外接或引自配电箱门面板上的电气元件。

从端子排 XB 上看，共有 11 个端子，其中 L_1、L_2、L_3、N 这四根线为由外引至配电箱内的三根 380V 电源，并穿管引入；U_1、V_1、W_1 这三根为电动机引线，1、3、7、9 接至配电箱门面板上的按钮开关 SB_1、SB_2 上。

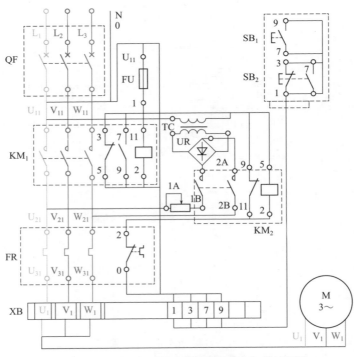

图4-6（c） 手动单向运转能耗制动电路（接线图）

≫（4）元件动作过程

如图4-6（d）所示。

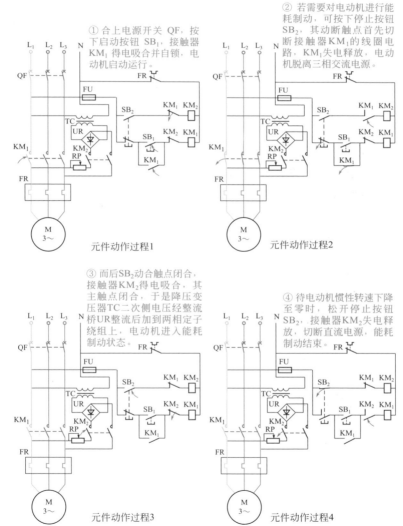

① 合上电源开关 QF，按下启动按钮 SB₁，接触器 KM₁ 得电吸合并自锁，电动机启动运行。

元件动作过程1

② 若需要对电动机进行能耗制动，可按下停止按钮 SB₂，其动断触点首先切断接触器 KM₁ 的线圈电路，KM₁ 失电释放，电动机脱离三相交流电源。

元件动作过程2

③ 而后SB₂动合触点闭合，接触器KM₂得电吸合，其主触点闭合，于是降压变压器TC二次侧电压经整流桥UR整流后加到两相定子绕组上，电动机进入能耗制动状态。

元件动作过程3

④ 待电动机惯性转速下降至零时，松开停止按钮 SB₂，接触器KM₂失电释放，切断直流电源，能耗制动结束。

元件动作过程4

| 图4-6（d） | 手动单向运转能耗制动电路（元件动作过程）

4.2.2　断电延时单向运转能耗制动电路

断电延时单向运转能耗制动电路如图 4-7 所示。

》（1）实物图

如图 4-7（a）所示。

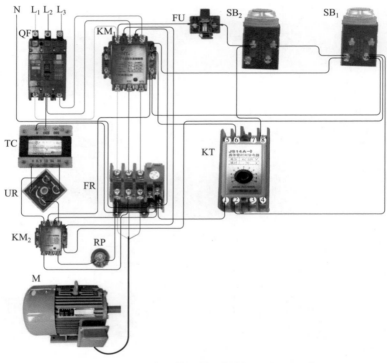

| 图4-7（a） | 断电延时单向运转能耗制动电路（实物图）

》（2）符号图

如图 4-7（b）所示。

工作原理：合上断路器 QF，按下启动按钮 SB_1，接触器 KM_1 得电吸合并自锁，电动机启动运行。

停机时，按下停止按钮 SB_2，接触器 KM_1 失电释放，而接触器 KM_2 得电吸合并自锁，电动机处于能耗制动状态，同时时间继电器 KT 开始延时，经过一定时间，其动断触点断开，KM_2 失电释放，制动过程结束。

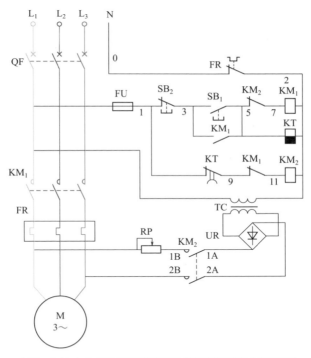

| 图4-7（b） | 断电延时单向运转能耗制动电路（符号图）

≫ （3）接线图

如图 4-7（c）所示。

从图中可以看出端子排 XB 用来区分电气元件的安装位置，XB 的上方为放置在配电箱内底板上的电气元件，XB 的下方为外接或引自配电箱门面板上的电气元件。

从端子排 XB 上看，共有 10 个端子，其中 L_1、L_2、L_3、N 这四根线为由外引至配电箱内的三根 380V 电源，并穿管引入；U_1、V_1、W_1 这三根为电动机引线，1、3、5 接至配电箱门面板上的按钮开关 SB_1、SB_2 上。

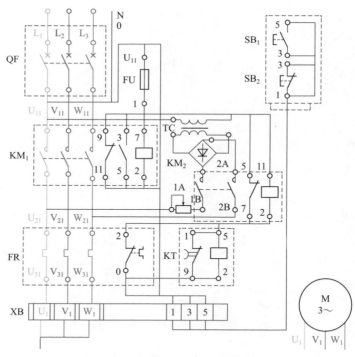

| 图4-7（c） | 断电延时单向运转能耗制动电路（接线图）

》 （4）元件动作过程

如图 4-7（d）所示。

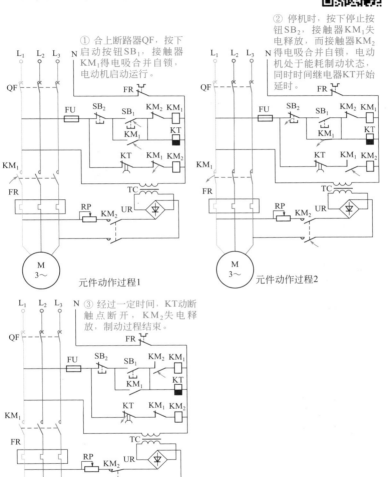

图 4-7（d） 断电延时单向运转能耗制动电路（元件动作过程）

4.2.3　单向自耦降压启动能耗制动电路

单向自耦降压启动能耗制动电路如图 4-8 所示。

≫ （1）实物图

如图 4-8（a）所示。

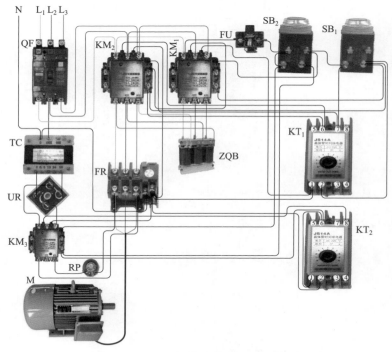

图4-8（a）　单向自耦降压启动能耗制动电路（实物图）

》（2）符号图

如图 4-8（b）所示。

工作原理：合上断路器 QF，按下启动按钮 SB_1，接触器 KM_1 得电吸合并自锁，电动机接入自耦变压器降压启动，经过延时 KT_1 动合触点闭合，KM_2 得电吸合并自锁，KM_1 失电释放，电动机全压运行。

停机时，按下停止按钮 SB_2，接触器 KM_2 失电释放，同时接触器 KM_3 得电吸合并自锁，电动机进行能耗制动，时间继电器 KT_2 开始延时，过一段时间，其动断触点断开，KM_3 失电释放，制动过程结束。

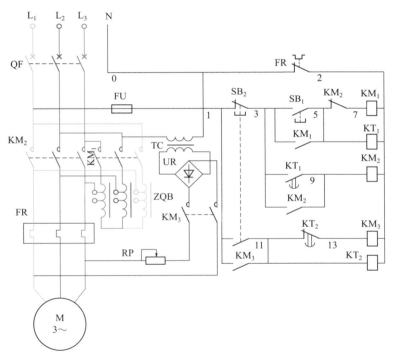

图 4-8（b）　单向自耦降压启动能耗制动电路（符号图）

》（3）接线图

如图 4-8（c）所示。

从图中可以看出端子排 XB 用来区分电气元件的安装位置，XB 的上方为放置在配电箱内底板上的电气元件，XB 的下方为外接或引自配电箱门面板上的电气元件。

从端子排 XB 上看，共有 11 个端子，其中 L_1、L_2、L_3、N 这四根线为由外引至配电箱内的三根 380V 电源，并穿管引入；U_1、V_1、W_1 这三根为电动机引线，1、3、5、11 接至配电箱门面板上的按钮开关 SB_1、SB_2 上。

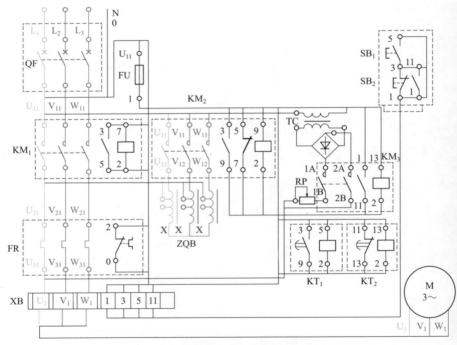

图4-8（c） 单向自耦降压启动能耗制动电路（接线图）

》（4）元件动作过程

如图 4-8（d）所示。

① 合上断路器QF，按下启动按钮SB₁，接触器KM₁得电吸合并自锁，电动机接入自耦变压器降压启动。

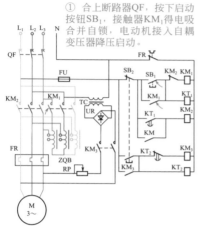

元件动作过程1

② 经过延时，KT₁动合触点闭合，KM₂得电吸合并自锁，KM₁失电释放，电动机全压运行。

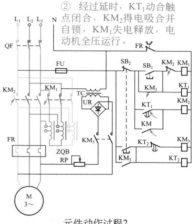

元件动作过程2

③ 停机时，按下停止按钮SB₂，接触器KM₂失电释放，同时接触器KM₃得电吸合并自锁。

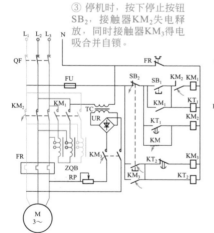

元件动作过程3

④ 时间继电器KT₂开始延时，过一段时间，其动断触点断开，KM₃失电释放，制动过程结束。

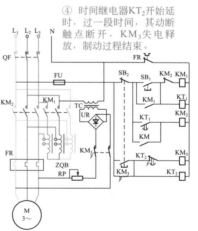

元件动作过程4

| 图4-8（d） | 单向自耦降压启动能耗制动电路（元件动作过程）

4.2.4 单向 Y- △降压启动能耗制动电路

单向 Y-△降压启动能耗制动电路如图 4-9 所示。

>> （1）实物图

如图 4-9（a）所示。

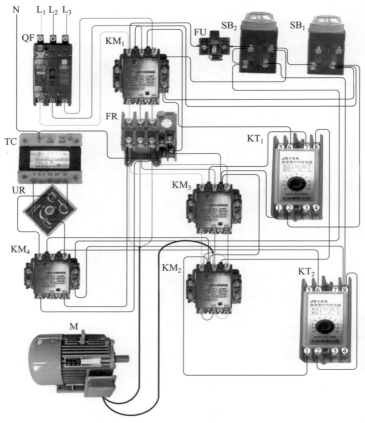

图4-9（a） 单向Y-△降压启动能耗制动电路（实物图）

》（2）符号图

如图 4-9（b）所示。

工作原理：合上电源开关 QF，按下启动按钮 SB_1，接触器 KM_1 得电吸合并自锁，电动机降压启动，经过延时时间继电器 KT_1 延时断开触点断开 KM_3 电源、延时闭合触点接通 KM_2 电源，电动机接成△全压运转。

停机时，按下停止按钮 SB_2，接触器 KM_1 失电释放，SB_2 动合触点闭合，接触器 KM_4 得电吸合，KM_4 主触点闭合，接通了整流桥 UR 的输出回路，电动机进入正向能耗制动状态，经过一段时间延时后，KT_2 延时释放触点断开，KM_4 失电释放，能耗制动结束。

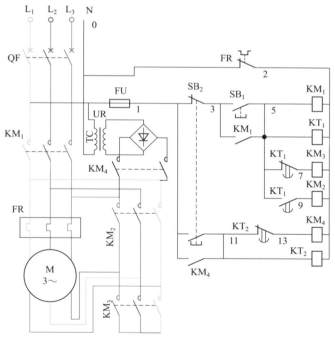

图4-9（b） 单向Y-△降压启动能耗制动电路（符号图）

》（3）接线图

如图4-9（c）所示。

从图中可以看出端子排XB用来区分电气元件的安装位置，XB的上方为放置在配电箱内底板上的电气元件，XB的下方为外接或引自配电箱门面板上的电气元件。

从端子排XB上看，共有14个端子，其中L_1、L_2、L_3、N这四根线为由外引至配电箱内的三根380V电源，并穿管引入；U_1、V_1、W_1、U_2、V_2、W_2这六根为电动机引线，1、3、5、11接至配电箱门面板上的按钮开关SB_1、SB_2上。

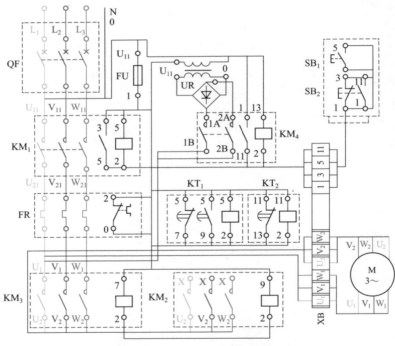

| 图4-9（c）| 单向Y-△降压启动能耗制动电路（接线图）

》（4）元件动作过程

如图 4-9（d）所示。

① 合上电源开关QF，按下启动按钮SB₁，接触器KM₁得电吸合并自锁，电动机正向降压启动。

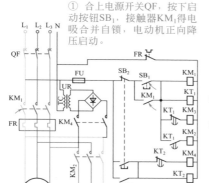

元件动作过程1

② 经过延时时间继电器KT₁延时断开触点断开KM₃电源、延时闭合触点接通KM₂电源，电动机接成△全压运转。

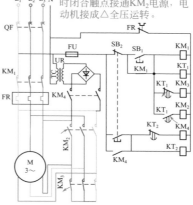

元件动作过程2

③ 停机时，按下停止按钮SB₂，接触器KM₁失电释放，接触器KM₄得电吸合，KM₄主触点闭合，接通了整流桥UR的输出回路，电动机进入正向能耗制动状态。

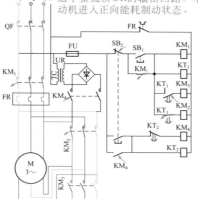

元件动作过程3

④ 经过一段时间延时后，KT₂延时动断触点断开，KM₄失电释放，电动机脱离直流电源，能耗制动结束。

元件动作过程4

| 图4-9（d） | 单向Y-△降压启动能耗制动电路（元件动作过程）

4.2.5 时间继电器正反转能耗制动电路

时间继电器正反转能耗制动电路如图4-10所示。

》（1）实物图

如图4-10（a）所示。

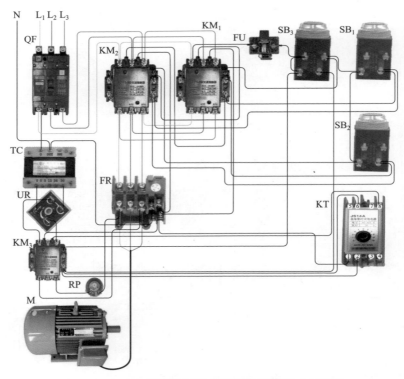

图4-10（a） 时间继电器正反转能耗制动电路（实物图）

≫ （2）符号图

如图 4-10（b）所示。

工作原理：若需正转，合上断路器 QF，按下正转启动按钮 SB_1，接触器 KM_1 得电吸合并自锁，电动机正向启动运转，停机时，按下停止按钮 SB_3，接触器 KM_1 失电释放，接触器 KM_3 得电吸合并自锁，电动机进入能耗制动状态，同时时间继电器 KT 得电吸合，经过一段时间延时后，KT 延时动断触点断开，KM_3 失电释放，电动机脱离直流电源，正向能耗制动结束。

电动机反转及反向能耗制动原理与正转及正向能耗制动相同。

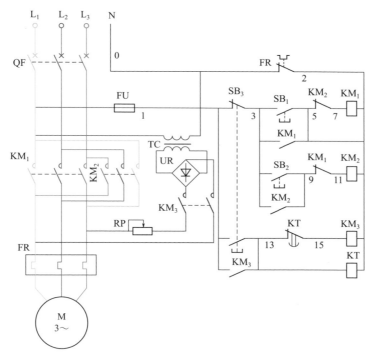

│ 图4-10（b）│ 时间继电器正反转能耗制动电路（符号图）

≫（3）接线图

如图 4-10（c）所示。

从图中可以看出端子排 XB 用来区分电气元件的安装位置，XB 的上方为放置在配电箱内底板上的电气元件，XB 的下方为外接或引自配电箱门面板上的电气元件。

从端子排 XB 上看，共有 11 个端子，其中 L_1、L_2、L_3、N 这四根线为由外引至配电箱内的三根 380V 电源，并穿管引入；U_1、V_1、W_1 这三根为电动机引线，1、3、5、13 接至配电箱门面板上的按钮开关 SB_1、SB_2 上。

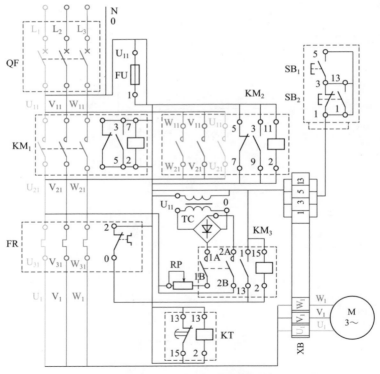

图 4-10（c）│ 时间继电器正反转能耗制动电路（接线图）

》（4）元件动作过程

如图 4-10（d）所示。

① 合上电源开关QF，按下正转启动按钮SB$_1$，接触器KM$_1$得电吸合并自锁，电动机正向运行。

② 停机时，按下停止按钮SB$_3$，接触器KM$_1$失电释放，KM$_1$动断辅助触点闭合。

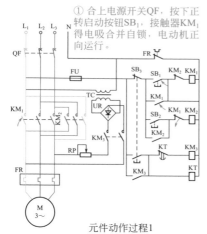

元件动作过程1

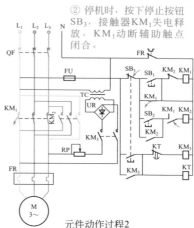

元件动作过程2

③ SB$_3$动合触点接通接触器KM$_3$，KM$_3$得电吸合并自锁，其动合辅助触点闭合，KM$_3$主触点闭合，接通了整流桥UR的输出回路，电动机进入正向能耗制动状态，同时时间继电器KT得电吸合。

④ 经过一段时间延时后，KT延时动断触点断开，KM$_3$失电释放，电动机脱离直流电源，正向能耗制动结束。

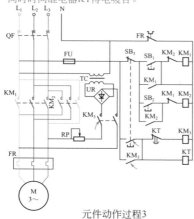

元件动作过程3

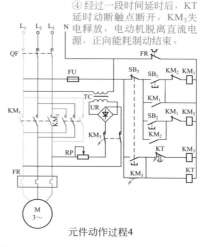

元件动作过程4

图4-10（d）　时间继电器正反转能耗制动电路（元件动作过程）

4.2.6 速度继电器正反转能耗制动电路

速度继电器正反转能耗制动电路如图 4-11 所示。

≫ （1）实物图

如图 4-11（a）所示。

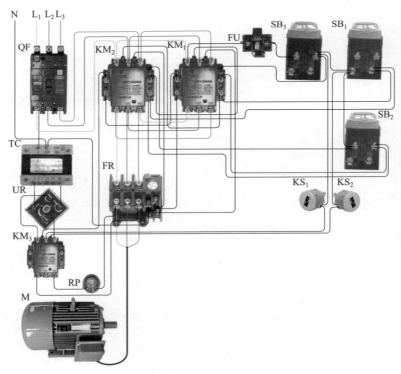

│图4-11（a）│ 速度继电器正反转能耗制动电路（实物图）

》（2）符号图

如图 4-11（b）所示。

工作原理：若需正转，合上电源开关 QF，按下正转启动按钮 SB_1，接触器 KM_1 得电吸合并自锁，电动机正向启动运转，当转速升高到一定值后，速度继电器 KS_1 动合触点闭合。停机时，按下停止按钮 SB_3，接触器 KM_1 失电释放，接触器 KM_3 得电吸合，KM_3 主触点闭合，电动机进入正向能耗制动状态，随着转速下降，速度继电器 KS_1 断开，正向能耗制动结束。

反转原理分析与正转相同。

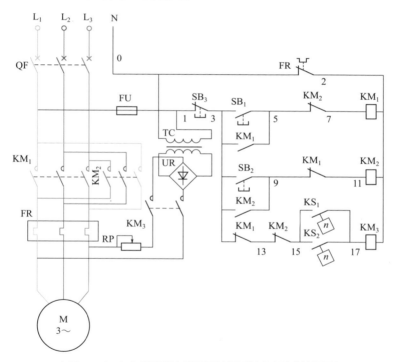

│ 图4-11（b）│ 速度继电器正反转能耗制动电路（符号图）

》（3）接线图

如图 4-11（c）所示。

从图中可以看出端子排 XB 用来区分电气元件的安装位置，XB 的上方为放置在配电箱内底板上的电气元件，XB 的下方为外接或引自配电箱门面板上的电气元件。

从端子排 XB 上看，共有 12 个端子，其中 L_1、L_2、L_3、N 这四根线为由外引至配电箱内的三根 380V 电源，并穿管引入；U_1、V_1、W_1 这三根为电动机引线，1、3、5、9 接至配电箱门面板上的按钮开关 SB_1 ～ SB_3 上，15、17 接至速度继电器动合触点上。

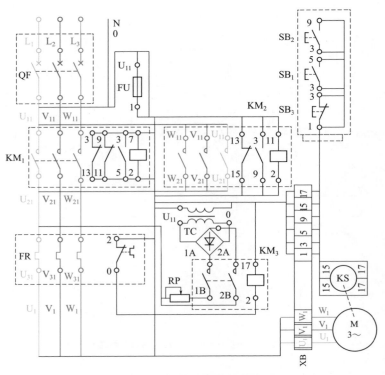

| 图 4-11（c） | 速度继电器正反转能耗制动电路（接线图）

》》（4）元件动作过程

如图 4-11（d）所示。

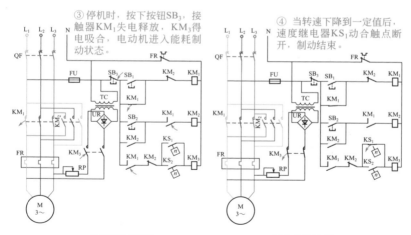

图 4-11（d）　速度继电器正反转能耗制动电路（元件动作过程）

4.3
短接制动电路

4.3.1 自励发电短接制动电路

自励发电短接制动电路如图 4-12 所示。

» （1）实物图

如图 4-12（a）所示。

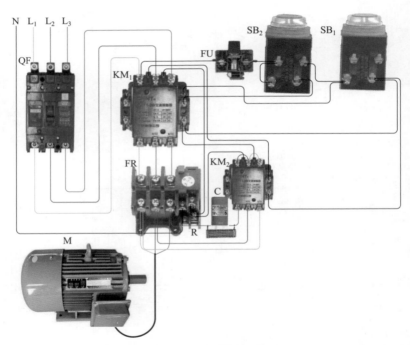

图4-12（a） 自励发电短接制动电路（实物图）

≫（2）符号图

如图 4-12（b）所示。

工作原理：合上电源开关 QF，按下启动按钮 SB₁，接触器 KM₁ 得电吸合并自锁，电动机启动运行。

停机时，按住按钮 SB₂，KM₁ 失电释放，而 KM₂ 吸合，电动机进入自励发电短接制动状态。松开 SB₂，制动结束。

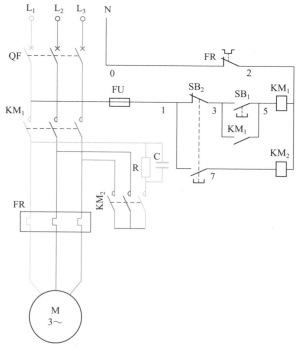

| 图 4-12（b） | 自励发电短接制动电路（符号图）

≫（3）接线图

如图 4-12（c）所示。

从图中可以看出端子排 XB 用来区分电气元件的安装位置，XB 的上方为放置在配电箱内底板上的电气元件，XB 的下方为外接或引自配电箱门面板上的电气元件。

从端子排 XB 上看，共有 12 个端子，其中 L_1、L_2、L_3、N 这四根线为由外引至配电箱内的三根 380V 电源，并穿管引入；U_1、V_1、W_1 这三根为电动机引线，1、3、5、7 接至配电箱门面板上的按钮开关 SB_1、SB_2 上。

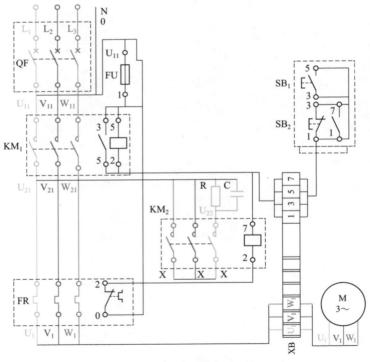

| 图4-12（c） | 自励发电短接制动电路（接线图）

≫（4）元件动作过程

如图 4-12（d）所示。

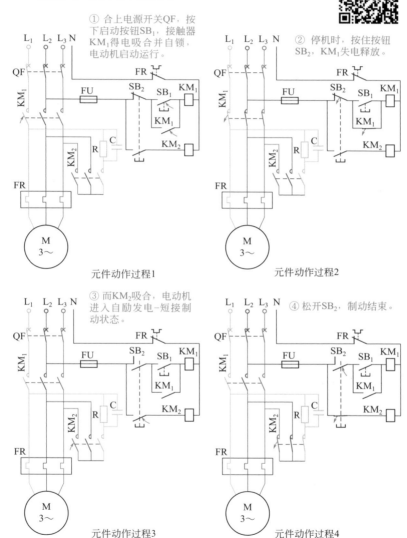

① 合上电源开关QF，按下启动按钮SB₁，接触器KM₁得电吸合并自锁，电动机启动运行。

元件动作过程1

② 停机时，按住按钮SB₂，KM₁失电释放。

元件动作过程2

③ 而KM₂吸合，电动机进入自励发电－短接制动状态。

元件动作过程3

④ 松开SB₂，制动结束。

元件动作过程4

| 图4-12（d） | 自励发电短接制动电路（元件动作过程）

4.3.2 单向运转短接制动电路

单向运转短接制动电路如图 4-13 所示。

» （1）实物图

如图 4-13（a）所示。

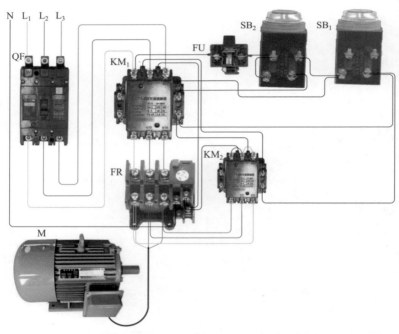

图4-13（a） 单向运转短接制动电路（实物图）

≫（2）符号图

如图 4-13（b）所示。

工作原理：合上断路器 QF，按下启动按钮 SB$_1$，接触器 KM$_1$ 得电吸合并自锁，电动机启动运行。

停机时，按住按钮 SB$_2$，KM$_1$ 失电释放，其动断触点闭合，KM$_2$ 吸合，三相定子绕组自相短接，电动机进入短接制动状态。松开 SB$_2$，制动结束。

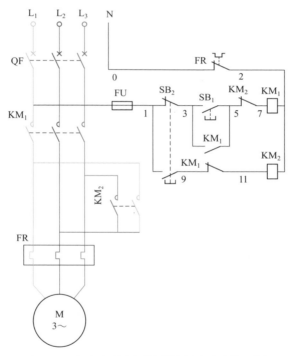

图4-13（b）　单向运转短接制动电路（符号图）

》（3）接线图

如图 4-13（c）所示。

从图中可以看出端子排 XB 用来区分电气元件的安装位置，XB 的上方为放置在配电箱内底板上的电气元件，XB 的下方为外接或引自配电箱门面板上的电气元件。

从端子排 XB 上看，共有 12 个端子，其中 L_1、L_2、L_3、N 这四根线为由外引至配电箱内的三根 380V 电源，并穿管引入；U_1、V_1、W_1 这三根为电动机引线，1、3、5、9 接至配电箱门面板上的按钮开关 SB_1、SB_2 上。

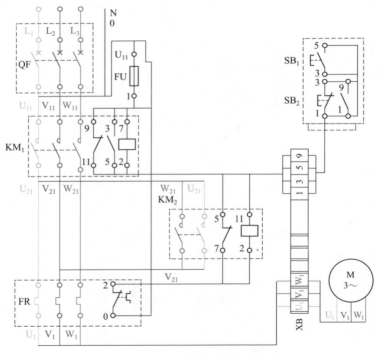

│ 图4-13（c）│ 单向运转短接制动电路（接线图）

》（4）元件动作过程

如图 4-13（d）所示。

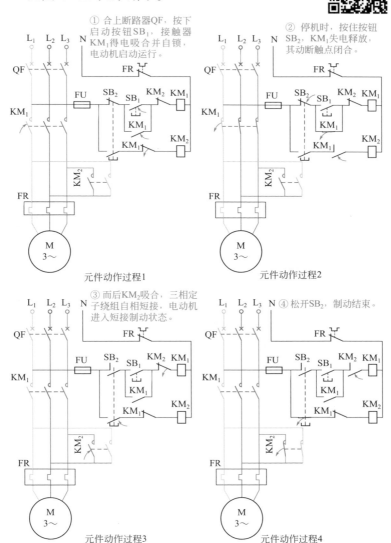

① 合上断路器QF，按下启动按钮SB₁，接触器KM₁得电吸合并自锁，电动机启动运行。

元件动作过程1

② 停机时，按住按钮SB₂，KM₁失电释放，其动断触点闭合。

元件动作过程2

③ 而后KM₂吸合，三相定子绕组自相短接，电动机进入短接制动状态。

元件动作过程3

④ 松开SB₂，制动结束。

元件动作过程4

| 图4-13（d） | 单向运转短接制动电路（元件动作过程）

4.3.3 正反向运转短接制动电路

正反向运转短接制动电路如图 4-14 所示。

» （1）实物图

如图 4-14（a）所示。

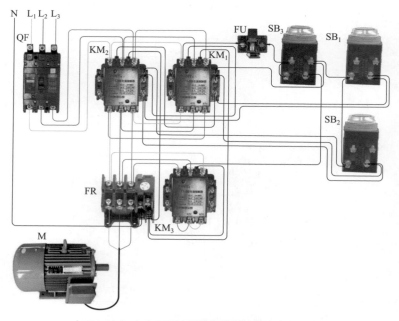

│图4-14（a）│ 正反向运转短接制动电路（实物图）

≫（2）符号图

如图 4-14（b）所示。

工作原理：合上断路器 QF，按下启动按钮 SB_1，接触器 KM_1 得电吸合并自锁，电动机正向启动运行，停机按下停止按钮 SB_3，KM_1 失电释放，同时 KM_3 得电吸合，电动机开始短接制动，松开 SB_3，制动结束。

反转原理与此相同。

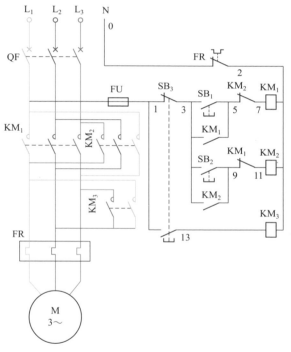

图4-14（b）　正反向运转短接制动电路（符号图）

》（3）接线图

如图 4-14（c）所示。

从图中可以看出端子排 XB 用来区分电气元件的安装位置，XB 的上方为放置在配电箱内底板上的电气元件，XB 的下方为外接或引自配电箱门面板上的电气元件。

从端子排 XB 上看，共有 12 个端子，其中 L_1、L_2、L_3、N 这四根线为由外引至配电箱内的三根 380V 电源，并穿管引入；U_1、V_1、W_1 这三根为电动机引线，1、3、5、9、13 接至配电箱门面板上的按钮开关 SB_1 ~ SB_3 上。

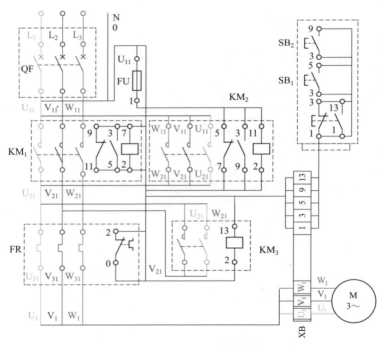

| 图4-14（c） | 正反向运转短接制动电路（接线图）

》（4）元件动作过程

如图 4-14（d）所示。

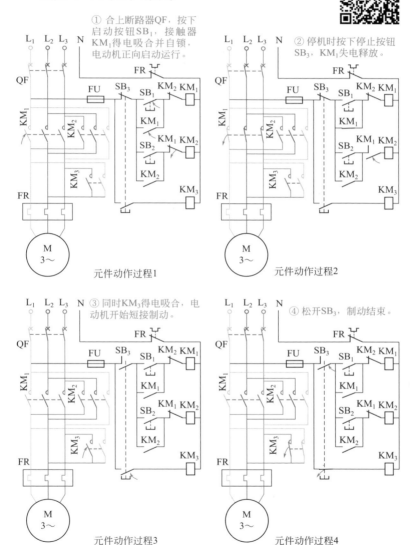

图4-14（d） 正反向运转短接制动电路（元件动作过程）

第 **5** 章

三相异步电动机控制电路的设计安装与维修

5.1 低压电气控制电路设计

5.1.1 控制电路的分析设计法

分析设计法是根据生产工艺的要求去选择适当的基本控制环节（单元电路）或经过考验的成熟电路，按各部分的联锁条件组合起来并加以补充和修改，综合成满足控制要求的完整电路。当找不到现成的典型环节时，可根据控制要求边分析边设计，将主令信号经过适当的组合与变换，在一定条件下得到执行元件所需要的工作信号。设计过程中，要随时增减元器件和改变触点的组合方式，以满足拖动系统的工作条件和控制要求，经过反复修改得到理想的控制电路。因为这种设计方法是以熟练掌握各种电气控制电路的基本环节和具备一定的阅读分析电气控制电路为基础的，所以又称经验设计法。

电气分析设计法的特点是无固定的设计程序，设计方法简单，容易为初学者所掌握，对于具有一定工作经验的电气人员来说，也能较快地完成设计任务，因此在电气设计中被普遍采用。其缺点是设计方案不一定是最佳方案，当经验不足或考虑不周时会影响电路工作的可靠性。

5.1.2 电气设计时选择元器件的方法

» （1）熔断器的选用

熔断器选用时应根据使用环境和负载性质选择合适类型的熔断器；熔体额定电流的选择应根据负载性质选择；熔断器的额定电压必须大于或等于电路的额定电压，熔断器的额定电流必须等于或大于所装熔体的额定电流；熔断器的分断能力应大于电路中可能出现的最大短路电流。

对于不同的负载，熔体按以下原则选用：

① 照明和电热电路。应使熔体的额定电流 I_{RN} 稍大于所有负载额定电流 I_N 之和，即

$$I_{RN} \geqslant \sum I_N$$

② 单台电动机电路。应使熔体的额定电流不小于 $1.5 \sim 2.5$ 倍电动机的额定电流 I_N，即

$$I_{RN} \geqslant (1.5 \sim 2.5) I_N$$

启动系数取 2.5 仍不能满足时，可以放大到不超过 3。

③ 多台电动机电路。应使熔体的额定电流满足如下关系式：

$$I_{RN} \geqslant I_{Nmax} + \sum I_N$$

式中　I_{Nmax}——最大一台电动机的额定电流，A；

　　　$\sum I_N$——其他所有电动机额定电流之和，A。

如果电动机的容量较大，而实际负载又较小时，熔体额定电流可适当选小些，小到以启动时熔体不熔断为准。

》（2）断路器的选择

① 断路器的工作电压应大于或等于电路或电动机的额定电压。

② 断路器的额定电流应大于或等于电路的实际工作电流。

③ 热脱扣的整定电流应等于所控制电动机或其他负载的额定电流。

④ 电磁脱扣器的瞬时动作整定电流应大于负载电路正常工作时可能出现的峰值电流。

对单台电动机主电路电磁脱扣器额定电流可按下式选取：

$$I_{NL} \geqslant K I_{st}$$

式中　K——安全系数，对 DZ 型取 $K=1.7$，对 DW 型取 $K=1.35$；

　　　I_{st}——电动机的启动电流。

⑤ 断路器欠电压脱扣器的额定电压应等于电路额定电压。

》（3）封闭式负荷开关的选用

选用封闭式负荷开关时应使其额定电压不大于电路工作电压；用于照明、电热负荷的控制时，开关额定电流应不小于所有

负载额定电流之和；用于控制电动机时，开关的额定电流应不小于电动机额定电流的 3 倍。

≫（4）热继电器的选用

① 热继电器的额定电压应大于或等于电动机的额定电压。

② 热继电器的额定电流应大于或等于电动机的额定电流。

③ 在结构形式上，一般都选用三相结构；对于三角形连接的电动机，可选用带断相保护装置的热继电器。

对于短时工作制的电动机，如机床刀架或工作台快速进给的电动机以及长期运行、过载可能性较小的电动机，如排风扇等，可不用热继电器来进行过载保护。

≫（5）接触器的选用

① 接触器类型的选用。根据被控制的电动机或负载电流的类型选择相应的接触器类型，即交流负载选用交流接触器，直流负载选择直流接触器；如果控制系统中主要是交流电动机，而直流电动机或直流负载的容量比较小时，也可以选用交流接触器进行控制，但是触点的额定电流应适当选择大一些。

② 接触器触点额定电压的选用。接触器触点的额定电压应大于或等于负载回路的额定电压。

③ 接触器主触点额定电流的选择。控制电阻性负载（如电热设备）时，主触点的额定电流应等于负载的工作电流；控制电动机时，主触点的额定电流应大于或等于电动机的额定电流，也可以根据所控制电动机的最大功率查表进行选择。

④ 接触器吸引线圈的电压选择。一般情况下，接触器吸引线圈的电压应等于控制回路的额定电压。

⑤ 接触器触点的数量、种类的选择。接触器触点的数量、种类应满足控制电路的要求。如果接触器使用在频繁启动、制动和频繁可逆的场合，一般可选用大一个等级的交流接触器。

» （6）开关的选用

① 根据使用场合选择开关的种类，如正启式、保护式和防水式等。

② 根据用途选用合适的形式，如一般式、旋钮式和紧急式等。

③ 根据控制回路的需要，确定不同的按钮数，如单联按钮、双联按钮和三联按钮等。

④ 按工作状态指示和工作情况要求，选择按钮和指示灯的颜色。

» （7）制动电磁铁的选用

① 电源的性质。制动电磁铁取电应遵循就近、容易、方便的原则。此外，当制动装置的动作频率超过 300 次 /h 时，应选用直流电磁铁。

② 行程的长短。制动电磁铁行程的长短，主要根据机械制动装置制动力矩的大小、动作时间的长短以及安装位置来确定。

③ 线圈连接方式。串励电动机的制动装置都是采用串励制动电磁铁，并励电动机的制动装置则采用并励制动电磁铁。有时为安全起见，在一台电动机中，既用串励制动电磁铁，又用并励制动电磁铁。

④ 容量的确定。制动电磁铁的形式确定以后，要进一步确定容量、吸力、行程和回转角等参数。

» （8）控制变压器

① 控制变压器一、二次电压应符合交流电源电压、控制电路和辅助电路电压的要求。

② 保证接在变压器二次侧的交流电磁器件启动时可靠地吸合。

③ 电路正常运行时，变压器的温升不应超过允许值。

» （9）整流变压器的选用

① 整流变压器一次电压应与交流电源电压相等，二次电压

应满足直流电压的要求。

②整流变压器的容量 P_T 要根据直流电压、直流电流来确定，二次侧的交流电压 U_2、交流电流 I_2 与整流方式有关。整流变压器的容量可按下式计算：

$$P_T = U_2 I_2$$

》（10）其他电器的选用

① 机床工作灯和信号灯的选用。应根据机床结构、电源电压、灯泡功率、灯头形式和灯架长度确定所用的工作灯。信号灯的选用主要是确定其额定电压、功率、灯壳、灯头型号、灯罩颜色及附加电阻的功率和阻值等参数。目前各种型号的发光二极管可替代信号灯，其具有各种电流小、功耗低、寿命长、性能稳定等优点。

② 接线板的选用。根据连接电路的额定电压、额定电流和接线形式，选择接线板的形式与数量。

③ 导线的选用。根据负载的额定电流选用铜芯多股软线，考虑其强度，不能采用 0.75mm^2 以下的导线（弱电电路除外），应采用不同颜色的导线表示不同电压及主、辅电路。

5.1.3 手动正反向电阻降压启动反接制动电路的设计

》（1）初步设计

将定子回路串入电阻手动降压启动电路（图 2-10）变换整理后得到电路如图 5-1 所示。

将图 4-2 所示的时间继电器单向运转反接制动电路改成手动单向运转反接制动电路如图 5-2 所示。

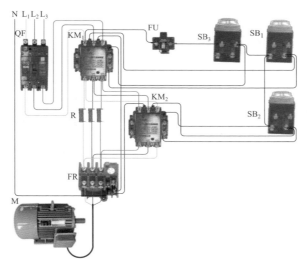

图 5-1 定子回路串入电阻手动降压启动电路

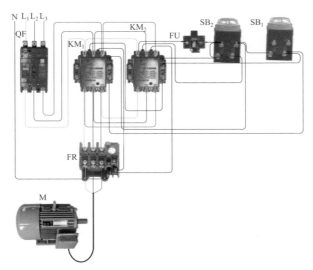

图 5-2 手动单向运转反接制动电路（实物图）

将图 5-2 的制动部分与图 5-1 叠加,得到图 5-3 的手动单向电阻降压启动反接制动电路。

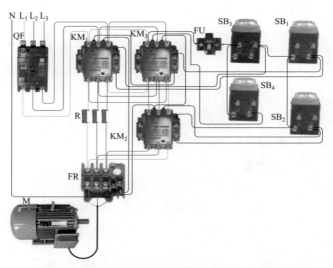

| 图 5-3 | 手动单向电阻降压启动反接制动电路的初步设计

≫ (2)检查与完善

图 5-3 已经能够实现控制要求,但停止时需要同时按下两个按钮,很不方便,采用复合按钮就可解决这个问题,另外启动过程也不能确保 SB_1 (带电阻启动)先按下、SB_2 (切除电阻)后按下的控制要求,为此在 SB_2 的电路中加入 KM_1 的动合触点,保证先带电阻降压启动后全压启动的控制要求。完善后的控制电路如图 5-4 所示。

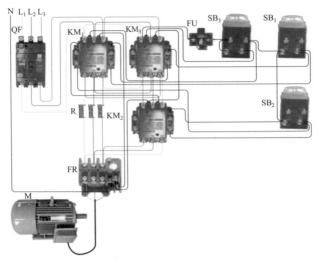

| 图 5-4 | 手动单向电阻降压启动反接制动电路的最终设计

5.2
三相异步电动机控制电路的安装

5.2.1 电气控制电路安装配线的一般原则

≫ （1）电气控制柜（箱或板）的安装

① 电气元件的安装。按照电气元件明细表配齐电气设备和元件，安装步骤如下：

a. 掌握电路工作原理的前提下，绘制出电气安装接线图。

b. 检查电气元件的质量。包括检查元件外观是否完好、各接线端子及紧固件是否齐全、操作机构和复位机构的功能是否灵活、绝缘电阻是否达标等。

c. 底板选料与剪裁。底板可选择 2.5 ~ 5mm 厚的钢板或 5mm 厚的层压板等，按电气元件的数量和大小、摆放位置和安装接线图确定板面的尺寸。

d. 电气元件的定位。按电气产品说明书的安装尺寸，在底板上确定元件安装孔的位置并固定钻孔中心。选择合适的钻头对准钻孔中心进行冲眼。此过程中，钻孔中心应该保持不变。

e. 电气元件的固定。用螺栓加以适当的垫圈，将电气元件按各自的位置在底板上进行固定。

② 电气元件之间导线的安装。

a. 导线的接线方法。在任何情况下，连接器件必须与连接的导线截面积和材料性质相适应，导线与端子的接线，一般一个端子只连接一根导线。有些端子不适合连接软导线时，可在导线端头上采用针形、叉形等冷压端子。如果采用专门设计的端子，可以连接两根或多根导线，但导线的连接方式必须是工艺上成熟的各种方式，如夹紧、压接、焊接、绕接等。导线的接头除必须采用焊接方法外，所有的导线应当采用冷压端子。若电气设备在运行时承受的振动很大，则不许采用焊接的方式。接好的导线连接必须牢固，不得松动。

b. 导线的标志。在控制板上安装电气元件，导线的线号标志必须与电气原理图和电气安装接线图相符合，并在各电气元件附近做好与原理图上相同代号的标记，注意主电路和控制电路的编码套管必须齐全，每一根导线的两端都必须套上编码套管。套管上的线号可用环乙酮与龙胆紫调和，不易褪色。在遇到 6 和 9 或 16 和 91 这类倒顺都能读数的号码时，必须做记号加以区别，以免造成线号混淆。导线颜色的规定参见表 5-1。

③ 导线截面积的选择。对于负载为长期工作制的用电设备，其导线截面积按用电设备的额定电流来选择；当所选择的导线、电缆截面积大于 95mm^2 时，宜改为用两根截面积小的导线代替；导线、电缆截面积选择后应满足允许温升及机械强度要求；移动设备的橡套电缆铜芯截面积不应小于 2.5mm^2；明敷时，铜线不应小于 1mm^2，铝线不应小于 2.5mm^2；穿管敷设与明敷相同；动力电路铜芯线截面积不应小于 1.5mm^2；铜芯导线可与大一级

表5-1 电工成套装置中的导线颜色

导线工作区域	导线颜色
保护导线	黄绿双色
动力电路中的中性线和中间线	浅蓝色
交、直流动力电路	黑色
交流控制电路	红色
直流控制电路	蓝色
与保护导线连接的控制电路	白色
与电网直接连接的联锁电路	橘黄色

截面积的铝芯线相同使用。

对于绕线转子电动机转子回路导线截面积的选择可按以下原则：

a. 转子电刷短接。负载启动转矩不超过额定转矩50%时，按转子额定电流的35%选择截面积；在其他情况下，按转子额定电流的50%选择。

b. 转子电刷不短接。按转子额定电流选择截面积。转子的额定电流和导线的允许电流，均按电动机的工作制确定。

④ 导线允许电流的计算。

a. 反复短时工作制的周期时间 $T \leqslant 10\text{min}$，工作时间 $t_G \leqslant 4\text{min}$ 时，导线或电缆的允许电流按下列情况确定：

截面积小于或等于6mm^2的铜线，以及截面积小于或等于10mm^2的铝线，其允许电流按长期工作制计算。

截面积大于6mm^2的铜线，以及截面积大于10mm^2的铝线，其允许电流等于长期工作制允许电流乘以系数 $0.875/\sqrt{\varepsilon}$。ε 为用电设备的额定相对接通率（暂载率）。

b. 短时工作制的工作时间 $t_G \leqslant 4\text{min}$，并且停歇时间内导线或电缆能冷却到周围环境温度时，导线或电缆的允许电流按反复短时工作制确定。当工作时间超过4min或停歇时间不足以使导线、电缆冷却到环境温度时，则导线、电缆的允许电流按长期工作制确定。

⑤ 线管选择。线管选择主要是指线管类型和直径的选择。

a. 根据敷设场所选择线管类型。潮湿和有腐蚀气体的场所内明敷或埋地，一般采用管壁较厚的白铁管，又称水煤气管；干燥场所内明敷或暗敷，一般采用管壁较薄的电线管；腐蚀性较大的场所内明敷或暗敷，一般采用硬塑料管。

b. 根据穿管导线截面积和根数选择线管的直径。一般要求穿管导线的总截面积（包括绝缘层）不应超过线管内径截面积的40%。白铁管和电线管的管径可根据穿管导线的截面积和根数选择，参见表5-2。

表5-2　白铁管和电线管的管径选择

导线截面积/mm²	铁管的标称直径（内径）/mm					电线管的标称直径（外径）/mm				
	两根	三根	四根	六根	九根	两根	三根	四根	六根	九根
16	25	25	32	38	51	25	32	32	38	51
20	25	32	32	51	64	25	32	38	51	64
25	32	32	38	51	61	32	38	38	51	64
35	32	38	51	51	64	32	38	51	65	64
50	38	51	51	64	76	38	51	64	64	76

⑥ 导线共管敷设原则。

a. 同一设备或生产上互相联系的各设备的所有导线（动力线或控制线）可共管敷设。

b. 有连锁关系的电力及控制电路导线可共管敷设。

c. 各种电机、电气及用电设备的信号、测量和控制电路导线可共管敷设。

d. 同一照明方式（工作照明或事故照明）的不同支线可共管敷设，但一根管内的导线数不宜超过8根。

e. 工作照明与事故照明的电路不得共管敷设。

f. 互为备用的电路不得共管敷设。

g. 控制线与动力线共管，当电路较长或弯头较多时，控制线的截面积应不小于动力线截面积的 10%。

⑦ 导线连接的步骤。分析电气元件之间导线连接的走向和路径，选择合理的走向。根据走向和路径及连接点之间的长度，选择合适的导线长度，并将导线的转弯处弯成 90° 角。用电工工具剥除导线端子处的绝缘层，套上导线的编码套管，压上冷压端子，按电气安装接线图接入接线端子并拧紧压紧螺钉。按布线的工艺要求布线，所有导线连接完毕之后进行整理。做到横平竖直，导线之间没有交叉、重叠且相互平行。

》（2）电气控制柜（箱或板）的配线

① 配线时一般注意事项总结如下：

a. 根据负载的大小、配线方式及电路的不同选择导线的规格、型号，并考虑导线的走向。

b. 从主电路开始配线，然后对控制电路配线。

c. 具体配线时应满足每种配线方式的具体要求及注意事项。

d. 导线的敷设不应妨碍电气元件的拆卸。

e. 配线完成之后应根据各种图样再次检查是否正确无误，没有错误，将各种紧压件压紧。

② 板前配线。又称明配线，适用于电气元件较少、电气电路比较简单的设备，这种配线方式导线的走向较清晰，对于安全维修及故障的检查较方便。配线时应注意以下几条：

a. 连接导线一般选用 BV 型的单股塑料硬线。

b. 导线和接线端子应保证可靠的电气连接，线端应该压上冷压端子。对不同截面积的导线在同一接线端子连接时，大截面积在下，小截面积在上，且每个接线端子原则上不超过两根导线。

c. 电路应整齐美观、横平竖直。导线之间不交叉、不重叠，转弯处应为直角，成束的导线用线束固定。导线的敷设不影响电气元件的拆卸。

③ 板后配线。又称暗配线，这种配线方式的板面整齐美观且配线速度快。采用这种配线方式应注意以下几个方面：

a. 配电盘固定时，应使安装电气元件的一面朝向控制柜的门，便于检查和维修。安装板与安装面要留有一定的余地。

b. 板前与电气元件的连接线应接触可靠，穿板的导线应与板面垂直。

c. 电气元件的安装孔、导线的穿线孔的位置应该准确，孔的大小应合适。

④ 线槽配线。该方式综合了明配线和暗配线的优点，适用于电气电路较复杂、电气元件较多的设备，不仅安装、检查维修方便且整个板面整齐美观，是目前使用较广的一种接线方式。线槽一般由槽底和盖板组成，其两侧留有导线的进出口，槽中容纳导线（多采用多股软导线作连接导线），视线槽的长短用螺钉固定在底板上。采用这种配线方式应注意以下几个方面：

a. 用线槽配线时，线槽装线不要超过线槽容积的70%，以便安装和维修。

b. 线槽外部的配线，对装在可拆卸门上的电气接线必须采用互连端子板或连接器，它们必须被牢固固定在框架、控制箱或门上。

对于内部配线而言，从外部控制电路、信号电路进入控制箱内的导线超过10根时，必须用端子板或连接器件过渡，但动力电路和测量电路的导线可以直接接到电气的端子上。

⑤ 线管配线。

a. 尽量取最短距离敷设线管，管路尽量少弯曲，若不得不弯曲，其弯曲半径不应小于线管外径的6倍。若只有一个弯曲时，可减至4倍。敷设在混凝土内的线管，弯曲半径不应小于外径的10倍。管子弯曲后不得有裂缝、凹凸等缺陷，弯曲角度不应小于90°，椭圆度不应大于10%。若管路引出地面，离地面应有一定的高度，一般不小于0.2m。

b. 明敷线管时，布置应横平竖直、排列整齐美观。电线管的弯曲处及长管路，一般每隔 0.8 ～ 1m 用管夹固定。多排线管弯曲度应保持一致。埋设的线管与明设的线管的连接处，应装设接线盒。

c. 根据使用的场合、导线截面积和导线根数选择线管类型和管径，且管内应留有 40% 的余地。对同一电压等级或同一回路的导线允许穿在同一线管内。管内的导线不准有接头，也不准有绝缘破损之后修补的导线。

d. 线管埋入混凝土内敷设时，管子外径不应超过混凝土厚度的 1/2，管子与混凝土模板之间应有 20mm 间距。并列敷设在混凝土内的管子，应保证管子外皮相互间有 20mm 以上的间距。

e. 线管穿线前，应使用压力约为 0.25Pa 的压缩空气，将管内的残留水分和杂物吹净，也可在铁丝上绑以抹布，在管内来回拉动，将杂物和积水清除干净，然后向管内吹入滑石粉；对于较长的管路穿线时，可以采用直径 1.2mm 的钢丝作引线，送线时需两人配合送线，一人送线，一人拉铁丝，拉力不可过大，以保证顺利穿线。放线时应量好长度，用手或放线架逆着导线在线轴上绕，使线盘旋转，将导线放开。应防止导线扭动、打扣或互相缠绕。

f. 线管应可靠地保护接地和接零。

⑥ 金属软管配线。

a. 金属软管只适用于电气设备与铁管之间的连接或铁管施工有困难的个别线段，金属软管的两端应配置管接头，每隔 0.5m 处应有弧形管夹固定，而中间引线时采用分线盒。

b. 金属管口不得有毛刺，在导线与管口接触处，应套上橡皮或塑料管套，以防止导线绝缘损伤，管中导线不得有接头，并不得承受拉力。

》（3）电路的调试方法

① 通电前检查。安装完毕的每个控制柜或电路板，必须经过认真检查后，才能通电试车，以防止错接、漏接造成不能实现

控制功能或短路事故。检查内容有：

a. 按电气原理图或电气接线图从电源端开始，逐段核对接线及接线端子处线号。重点检查主电路有无漏接、错接及控制电路中容易接错之处。检查导线压接是否牢固，接触是否良好，以免带负载运转时产生打弧现象。

b. 用万用表检查电路的通断情况。可先断开控制电路，用电阻挡检查主电路有无短路现象。然后断开主电路，再检查控制电路有无开路或短路现象，自锁、联锁装置的动作及可靠性。

c. 用绝缘电阻表对电动机和连接导线进行绝缘电阻检查。用绝缘电阻表检查，应分别符合各自的绝缘电阻要求，如连接导线的绝缘电阻不小于 7MΩ，电动机的绝缘电阻不小于 0.5MΩ 等。

d. 检查时要求各开关按钮、行程开关等电气元件应处于原始位置；调速装置的手柄应处于最低速位置。

② 试车。为保证人身安全，在通电试运转时，应认真执行安全操作规程的有关规定，一人监护，一人操作。试运转前应检查与通电试运转有关的电气设备是否有不安全的因素存在，查出后应立即整改，方能试运转。

通电试运转的顺序如下：

a. 空操作试车。断开主电路，接通电源开关，使控制电路空操作，检查控制电路的工作情况，如按钮对继电器、接触器的控制作用；自锁、联锁的功能；急停器件的动作；行程开关的控制作用；时间继电器的延时时间，观察电气元件的动作是否灵活，有无卡阻及噪声过大等现象，有无异味。如有异常，立刻切断电源开关检查的原因。

b. 空载试车。若第 a 步通过，接通主电路即可进行空载试车。首先点动检查电动机的转向及转速是否符合要求；然后调整好保护电器的整定值，检查指示信号和照明灯的完好性等。

c. 负载试车。第 a 步和第 b 步经反复几次操作，均正常后，才可进行带负载试车。此时，在正常的工作条件下，验证电气设备所有部分运行的正确性，特别是验证在电源中断和恢复时对人身和设备的伤害、损坏程度。此时进一步观察机械动作和电气元件的动作是否符合工艺要求；进一步调整行程开关的位置及挡块的位置；对各种电气元件的整定数值进一步调整。

③ 试车的注意事项。调试人员在调试前必须熟悉生产机械的结构、操作规程和电气系统的工作要求；通电时，先接通主电源；通电后，注意观察各种现象，随时做好停车准备，以防止意外事故发生。如有异常，应立即停车，待查明原因之后再继续进行，未查明原因不得强行送电。

5.2.2 带指示灯单向启动控制电路安装示例

》（1）熟悉电路原理

如图 5-5 所示（参照图 2-4），合上断路器 QF，指示灯 HLR 亮。按下 SB$_1$，接触器 KM 得电吸合并自锁，主触点 KM 闭合，电动机启动运行，其动合辅助触点闭合，一对用于自锁，一对接通指示灯 HLG，HLG 亮，KM 的动断触点断开，HLR 灭。停车时按下 SB$_2$，接触器 KM 失电释放，主触点 KM 断开，电动机停转。这时 KM 的动断触点复位，指示灯 HLR 亮，HLG 灭。

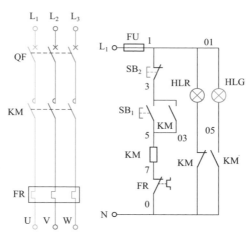

图 5-5 单向启动电路原理图

» （2）配电板的选材与制作

电气安装图如图 5-6 所示。先根据电动机的容量选择断路器、接触器、热继电器、熔断器、按钮、指示灯、HLK 系列开关柜。先将所有的元器件备齐，在主电路板、箱门上将这些元器件进行模拟排列。元器件布局要合理，总的原则是力求连接导线短，各电器排列的顺序应符合其动作规律。用划针在主电路板、箱门上画出元器件的装配孔、行线槽、端子排位置，然后拿开所有的元器件。核对每一个元器件的安装孔尺寸，然后钻中心孔、钻孔、攻螺纹，加工后的 HLK 系列开关柜内部布置如图 5-7 所示。

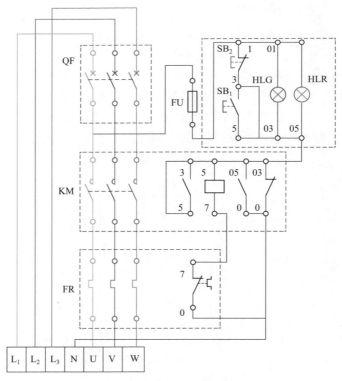

| 图 5-6 | 单向直接启动电路接线图

| 图 5-7 | 加工后的 HLK 系列开关柜内部布置图

》（3）元器件的安装

　　按照模拟排列的位置，将元器件、行线槽、端子排安装好，贴上端子排线号，并去掉行线槽部分小齿，如图 5-8 所示，以及要求元器件与底板保持横平竖直，所有无器件在底板上要固定牢固，不得有松动现象（二维码 5-1）。

二维码 5-1
元器件的安装

| 图 5-8 | 安装元器件后的 HLK 系列开关柜内部布置图

》（4）主电路的连接

　　① 根据电路走向，弯制黄色导线，剪掉多余导线，将导线一端剥掉绝缘层并弯成羊眼圈接入 L_1 相进线端子排，另一端剥掉绝缘层接入断路器上端，如图 5-9 所示。同样的方法连接 L_2、L_3 相导线。

　　② 连接断路器和接触器 KM 之间的导线，并连接断路器和熔断器之间的导线。

③ 连接 KM 与热继电器 FR 之间的导线。

④ 连接热继电器 FR 与端子 U、V、W 之间的导线。

⑤ 全部连接好后检查有无漏线、接错（二维码 5-2）。

(a) 导线制作　　　(b) 配线后的主电路板

二维码 5-2
主电路配线

| 图 5-9 | 主电路配线

》（5）控制电路的连接

① 将控制线一端冷压上端子，套上线号后接入 SB₁ 上端，另一端按走向留够余线后剪掉、套上线号，并打上弯扣，如图 5-10 所示。

② 用同样的方法连接其他导线，绑上螺旋带将导线绑成一束，绑扎固定并根据导线长度剪掉余线。

③ 按安装图弯制其他控制线，并将线头镀锡后，接入对应元器件或接线端子，扣上行线槽盖（二维码 5-3）。

二维码 5-3
控制线路的配线

| 图 5-10 | 控制线路的配线

» （6）控制电路的调试

① 试车前的准备工作。准备好与启动控制电路有关的图样，安装、使用以及维修调试的说明书；准备电工工具、绝缘电阻表、万用表和钳形电流表，参照原理图5-5对电气元件进行检查，具体内容如下：

a. 测量三台电动机绕组间和对地绝缘电阻是否大于0.5MΩ，否则要进行浸漆烘干处理；测量电路对地电阻是否大于7MΩ；检查电动机是否转动灵活，轴承有无缺油等异常现象。

b. 检查低压断路器、熔断器是否和电气元件表一致，热继电器整定值调整是否合理。

c. 检查主电路和控制电路所有电气元件是否完好，动作是否灵活；有无接错、掉线、漏接和螺钉松动现象；接地系统是否可靠。

② 控制电路的试车。首先空操作试车，将电动机M接线端的接线断开，并包好绝缘。

a. 接通低压断路器QF，测试断路器前后有无380V电压。

b. 测试FU后面电压是否正常，观察指示灯HLG是否亮。

c. 按下电动机M的启动按钮SB_1，接触器线圈KM得电吸合，观察KM主触点是否正常吸合，同时测试U_1、V_1和W_1之间有无正常的380V电压。按下停车按钮SB_2，线圈KM失电释放，同时U_1、V_1和W_1之间应该无电压，接触器无异常响声。

③ 主电路的试车。首先空载试车。接通电动机M与端子U_1、V_1、W_1之间的连线。按控制电路操作中第c项的顺序操作。观察电动机M运转是否正常。需要注意以下内容：

a. 观察电动机旋转方向是否与工艺要求相同；测试电动机空载电流是否正常。

b. 经过一段时间试运行，观察电动机有无异常响声、异味、冒烟、振动和温升过高等异常现象。

以上都没有问题，这时电动机带上机械负载，再按控制电路操作中第c项的顺序操作。测试能否满足工艺要求而动作，并按最大负载运转，检查电动机电流是否超过额定值等。再按上述两项的内容检查电动机。以上测试完毕全部合格后，才能投入使用。

5.3 三相异步电动机控制电路的维修

5.3.1 故障判断步骤

≫（1）细读电气原理图

电动机的控制电路是由一些电气元件按一定的控制关系连接而成的，这种控制关系反映在电气原理图上。为顺利地安装接线，检查调试和排除电路故障，必须认真阅读原理图。要看懂电路中各电气元件之间的控制关系及连接顺序，分析电路控制动作，以便确定检查电路的步骤与方法。明确电气元件的数目、种类和规格，对于比较复杂的电路，还应看懂是由哪些基本环节组成的，分析这些环节之间的逻辑关系。

≫（2）熟悉安装接线图

原理图是为了方便阅读和分析控制原理而用"展开法"绘制的，并不反映电气元件的结构、体积和具体的安装位置。为了具体安装接线、检查电路和排除故障，必须根据原理图查阅安装接线图。安装接线图中各电气元件的图形符号及文字符号必须与原理图核对，在查阅中做好记录，减少工作失误。

≫（3）电气元件的检查

① 电气元器件外观是否整洁，外壳有无破裂，零部件是否齐全，各接线端子及紧固件有无缺损、锈蚀等现象。

② 电气元器件的触点有无熔焊粘连变形，或者氧化锈蚀等现象；触点闭合分断动作是否灵活；触点开距、超程是否符合要求；压力弹簧是否正常。

③ 电器的电磁机构和传动部件的运动是否灵活；衔铁有无卡住，吸合位置是否正常等，使用前应清除铁芯端面的防锈油。

④ 用万用表检查所有电磁线圈的通断情况。

⑤ 检查有延时作用的电气元器件功能，如时间继电器的延时动作、延时范围及整定机构的作用；检查热继电器的热元件和触点的动作情况。

⑥ 核对各电气元器件的规格与图纸要求是否一致。

>> （4）电路的检查

① 核对接线。对照原理图、接线图，从电源端开始逐段核对端子接线线号，排除错误和漏接线现象，重点检查控制电路中容易错接线的线号，还应核对同一导线两端线号是否一致。

② 检查端子接线是否牢固。检查端子上所有接线压接是否牢固，接触是否良好，不允许有松动、脱落现象，以免通电试车时因导线虚接造成故障。

③ 用万用表检查。在控制电路不通电时，用手动来模拟电器的操作动作，用万用表测量电路的通断情况。应根据控制电路的动作来确定检查步骤和内容；根据原理图和接线图选择测量点，先断开控制电路检查主电路，再断开主电路检查控制电路，主要检查以下内容：

a. 主电路不带负荷（即电动机）时相间绝缘情况，主触点接触的可靠性，正反转控制电路的电源换相电路和热继电器、热元件是否良好，动作是否正常等。

b. 控制电路的各个环节及自锁、联锁装置的动作情况及可靠性，设备的运动部件、联动元器件动作的正确性及可靠性，保护电器动作的准确性等。

>> （5）试车

① 空操作试验。装好控制电路中熔断器熔体，不接主电路负载，试验控制电路的动作是否可靠，接触器动作是否正常，检查接触器自锁、联锁控制是否可靠，用绝缘棒操作行程开关，检

查其行程及限位控制是否可靠，观察各电器动作的灵活性，注意有无卡阻现象，细听各电器动作时有无过大的噪声，检查线圈有过热及异常气味。

② 带负载试车。控制电路经过数次操作试验动作无误后，即可断开电源，接通主电路带负载试车。电动机走动前应先做好停车准备，走动后要注意电动机运行是否正常。若发现电动机启动困难、发出噪声、电动机过热、电流表指示不正常，应立即停车断开电源进行检查。

③ 有些电路的控制动作需要调试，如定时运转电路的运行和间隔的时间；Y- △ 启动运行控制电路的转换时间；反接制动控制电路的终止速度等。

5.3.2　三相异步电动机控制电路的故障判断方法

≫（1）试电笔法

试电笔检查断路故障的方法如图 5-11 所示。

用试电笔依次测试 1、3、5、7 各点（参照图 5-5，下同），并按下按钮 SB₂，测量到哪一点试电笔不亮即为断路处（二维码 5-4）。

| 图 5-11 | 试电笔查找断路故障

二维码 5-4
试电笔查找断路故障

检查注意事项：

① 当对一端接地的 220V 电路进行测量时，要从电源侧开

始，依次测量，且要注意观察试电笔的亮度，防止因外部电场、泄漏电流引起氖管发亮，而误认为电路没有断路。

② 当检查 380V 并有变压器的控制电路中的熔断器是否熔断时，要防止电源电压通过另一相熔断器和变压器的一次线圈回到已熔断的熔断器的出线端，造成熔断器未熔断的假象。

>> **（2）万用表电压测量法**

万用表电压测量法分为分阶测量法和分段测量法两种，检查时将万用表的选择开关旋到交流电压 500V 挡位。

① 分阶测量法。如图 5-12 所示。查时，首先可测量 1、0 点间的电压，若为 220V，说明电压正常，然后按住 SB_1 不放，同时将一表棒接到 0 号线上，另一表棒按 3、5、7 线号依次测量，分别测量 0-3、0-5、0-7 各阶之间的电压，各阶的电压都为 220V 说明电路工作正常；若测到 0-5 电压为 220V，而测到 0-7 无电压，说明接触器线圈断路（二维码 5-5）。

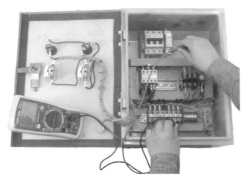

二维码5-5
电压分阶测量法查找
断路故障

| 图5-12 | 电压分阶测量法查找断路故障

② 分段测量法。如图 5-13 所示。检查时，可先测试 1-0 两点间的电压，若为 220V，说明电源电压正常。然后按下 SB_1，逐段测量相邻线号 1-3、3-5、5-7、7-0 间的电压。除 5-7 两点间的电压为 220V 外，其余任何两点之间的电压值都为零（二维码 5-6）。

二维码5-6
电压分段测量法断路
故障

| 图5-13 | 电压分段测量法断路故障

》（3）万用表电阻测量法

① 电阻分阶测量法。如图5-14所示。按下 SB_1，KM 不吸合说明电路有断路故障。首先断开电源，然后按下 SB_1 不放，可用万用表的电阻挡测量1-0两点间的电阻，若电阻为无穷大，说明1-0之间电路断路，然后分别测量1-3、1-5、1-7、1-0各点之间的电阻值，若某点电阻值为0（或线圈电阻值），说明电路正常；若测量到某线号之间的电阻值为无穷大，说明该触点或连接导线有断路故障（二维码5-7）。

二维码5-7
电阻分阶测量法

| 图5-14 | 电阻分阶测量法

② 电阻分段测量法。电阻的分段测量法如图5-15所示。检查时，先按下 SB_1，然后依次逐段测量相邻两线号1-3、

3-5、5-7、7-0 之间的电阻值，若测量某两线号的电阻值为无穷大，说明该触点或连接导线有断路故障（二维码 5-8）。

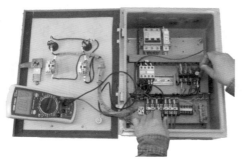

| 图 5-15 | 电阻分段测量法

二维码 5-8
电阻分段测量法

电阻测量法虽然安全，但测得的电阻值不准确时，容易造成错误判断，应注意以下事项：

用电阻测量法检查故障时，必须先断开电源。

若被测电路与其他电路并联，必须将该电路与其他电路断开，否则所测得的电阻值误差较大。

》 **（4）短接法**

短接法是利用一根导线，将所怀疑断路的部位短接，若短接过程中电路被接通，则说明该处断路。短接法有局部短接法和长短接法两种。

① 局部短接法。局部短接法如图 5-16 所示。按下 SB_2 时，KM_1 不吸合，说明该电路有断路故障。

检查时，可先用万用表电压挡测量 0-1 两点之间的电压值，如电压正常，可按下 SB_1 不放，然后手持一根带绝缘的导线，分别短接 1-3、3-5、7-0，当短接到某两点时，接触器吸合，说明断路故障就在这两点之间（二维码 5-9）。

② 长短接法。长短接法如图 5-17 所示，长短接法是指一次短接两个或多个触点来检查断路故障的一种方法。

检查时，可先用万用表电压挡测量 0-1 两点之间的电压值，

二维码5-9
局部短接法查找断路
故障

| 图5-16 | 局部短接法查找断路故障

如电压正常，可按下 SB$_1$ 不放，然后手持一根带绝缘的导线，先将 1-5 短接，若 KM 吸合，说明 1-5 两点之间有断路故障，然后短接 1-3、3-5，查找故障点。若 KM 不吸合，说明故障点在 5-0 之间，也就是热继电器 FR 的动断触点断路（二维码5-10）。

二维码5-10
长短接法查找断路
故障

| 图5-17 | 长短接法查找断路故障

检查注意事项：

由于短接法是用手拿着绝缘导线带电操作，因此一定要注意安全，以免发生触电事故。

短接法只适用于检查压降极小的导线和触点之间的断路故障，对于压降较大的电器，如电阻、接触器和继电器线圈、绕组等断路故障，不能采用短接法，否则就会出现短路故障。

对于机床的某些要害部位，必须在确保电气设备或机械部位不会出现事故的情况下，才能采用短接法。

参考文献

［1］赵慧峰，乔长君. 低压电器控制电路图册. 第2版. 北京：化学工业出版社，2013.

［2］王俊峰. 实用电路天天学. 北京：机械工业出版社，2010.

［3］孙运生. 精选实用电工线路260例. 北京：化学工业出版社，2012.

［4］王兰君，王文婷. 电工实战线路380例. 北京：人民邮电出版社，2010.

［5］乔长君. 全彩图解电工识图. 北京：中国电力出版社，2015.

［6］乔长君. 全彩图解电动机控制电路. 北京：中国电力出版社，2015.

[知识拓展]电工轻松入门

数字万用表的
使用

指针万用表的使用

兆欧表的使用

红外线测温仪
、 的使用

开启式负荷开关
的检修

组合开关的拆卸

断路器的检修

接触器的检修

时间继电器的检修

按钮的检修

万能转换开关的检修

熔断器的检修

热继电器的检修

万用表法查找
接地故障

万用表法查找
短路故障

电阻法查找
断路故障

电压表法查找
接线错误故障

小型电动机的拆除

小型电动机的装配

轴承摆动的检查

轴承冷装方法

轴承的清洗

轴承的加油办法

塑料线槽安装方法